石油加工厂全景

原油蒸馏装置

催化裂化装置

乙烯装置

化肥装置

合成纤维

合成纤维织物

聚丙烯地毯

高强度聚乙烯防弹背心

尼龙丝织成的降落伞

合成纤维服装

各种油品

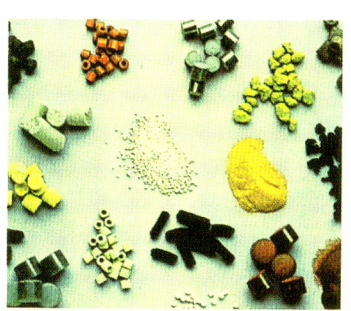

各种催化剂

石蜡制品

合成橡胶轮胎

液化石油气储罐

硅橡胶制品

聚乙烯薄膜大棚

聚丙烯波纹管

聚氯乙烯提包

ABS 树脂

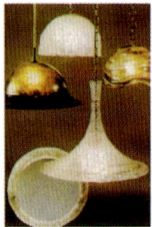
聚苯乙烯灯具

人造玛瑙

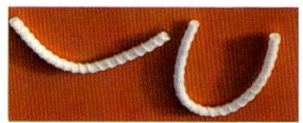
人造血管

聚氨酯塑胶跑道

Touch the Petroleum

石油科普系列丛书

走进石油

8

主 编 傅诚德
副主编 张家茂
 李希文

石油与衣食住行
——石油炼制与化工

梁文杰 王丙申 等编著

石油工业出版社

图书在版编目（CIP）数据

石油与衣食住行——石油炼制与化工／梁文杰，王丙申等编著．
北京：石油工业出版社，2006．2
石油科普系列丛书，8．走进石油／傅诚德主编
ISBN 978-7-5021-4875-1

Ⅰ．石…
Ⅱ．①梁…②王…
Ⅲ．①石油炼制—普及读物
②石油化工—普及读物
Ⅳ．TE6-49

中国版本图书馆 CIP 数据核字（2004）第 136291 号

出版发行：石油工业出版社
（北京安定门外安华里 2 区 1 号 100011）
网　　址：www.petropub.com
编辑部：（010）64523544
图书营销中心：（010）64523633
经　销　全国新华书店
印　刷　北京中石油彩色印刷有限责任公司

2006 年 2 月第 1 版　2016 年 12 月第 7 次印刷
850×1168 毫米　开本：1/32　印张：8.125　插页：2
字数：193 千字

定价：22.00 元（全十册定价：150.00 元）
（如出现印装质量问题，我社图书营销中心负责调换）
版权所有，翻印必究

序 一

当今世界,科学技术是综合国力竞争的决定性因素。解决我国经济社会发展的突出问题,根本要靠科技进步和创新。科学的灵魂在创新,科技的活力在改革,发展的根本在人才。一部科学发展史,就是一部创新思维不断迸发、优秀人才不断涌现的历史。石油工业的崛起与发展,同样也是理论与技术不断创新、优秀人才不断涌现的历史。科学的发展和技术的创新,只有被公众掌握,才能变成巨大的生产力,才能加快科技成果向现实生产力的转化。因此,科学普及工作在宣传科学知识、培养人才,特别是培养青少年方面,有着十分重要的地位和作用。

科学普及特别是石油知识的科学普及工作,是我多年来特别关注的事情,中国石油学会科普教育委员会和石油工业出版社共同组织编撰的石油科普系列丛书——《走进石油》的正式出版发行,是一件令人十分高兴的事。这套丛书从石油勘探、开发、储运到炼制与化工,涵盖了石油工业上游、下游全过程,而且还包括了石油经济、环境保护。像这样比较全面系统地向社会普及石油知识,是以前从未有过的。这是推动石油工业发展的一件大事。

石油科普系列丛书

　　石油工业是国民经济的重要支柱。当今社会，石油工业的发展关系到国民经济的发展，关系到国家的安全，而且与人们的生活息息相关。社会各行各业都十分关注石油工业，希望更多地了解石油知识。我很高兴地看到，这套丛书基本满足了社会对石油知识的需求，它不是向读者讲述石油专业性很强的理论和具体技术，而是向读者普及石油科学知识，普及科学思想、科学方法和科学精神，让社会了解石油，关注石油工业，支持石油工业的发展。

　　我深信《走进石油》会受到社会各界的欢迎。

中国科学院院士　侯祥麟
中国工程院院士
2005年10月

石油与衣食住行

序　二

我从事石油地质工作几十年了,在与社会上其他行业的交往中,经常有人问我许多与石油有关的知识,现在越来越多的人更加关注石油工业的发展状况,这是因为石油与天然气的储量和产量直接与各行各业发展、与人民生活紧密相关。深埋于地下的石油和天然气,对许多人来讲还是一个奥秘。它们作为流体矿藏,在地下是怎样生成的?在茫茫草原、戈壁荒滩、漫漫黄沙以及波涛汹涌的海水之下,石油工作者又是用什么地质理论和技术发现和找到它们的?又是用什么特殊的技术方法把它们从地下开采出来的?石油工业使用了哪些高新技术,有什么特殊法宝?很多人都非常想了解这些既奥妙又有趣的知识。作为石油工作者,向社会普及石油科学知识、科学思想、科学方法、科学精神,是我们义不容辞的责任。

石油科普系列丛书——《走进石油》的出版,对曾经多年担任中国石油学会科普教育委员会主任的我来说,更是感到由衷的高兴。我衷心地祝贺她的问世。

中国石油工业的发展历史,是一部艰难的创业史,同时也是一部科技创新与发展的历史。经过几十年的努力,我们创立了有中国特色的陆相石油地质理论和油田开发理

石油科普系列丛书

论，研发了一整套勘探开发的先进技术，有不少处于世界领先地位。正是这些新理论和新技术，使我们相继发现了大庆、胜利等东部大油田；正是理论和技术不断地发展和创新，使我们在新疆、陕甘宁和中国海上又相继发现了一批大油气田。

　　石油科学是一个开放的平台，它不仅需要石油工作者的努力，还需要众多学科的协同发展与创新。石油工业是一个综合性很强的行业，只有让更多的人了解石油，才会得到社会更多的支持与帮助，只有广泛吸纳人才和智慧，才能使石油资源得到更合理的开发和利用，从而促进石油工业更大的发展。

中国科学院院士　田在艺

2005年10月

编者的话

　　石油，顾名思义，就是石头里产出来的油。石头里真的会产油吗？实际上，就像煤、铁、铜、金等矿藏一样，石油也是一种产于地壳中的矿藏，无非它是以一种流体形态赋存于地下。世界上第一个提出"石油"这一科学命名的人是我国北宋科学家沈括（1031—1095），他在其名著《梦溪笔谈》中写道："鄜（音富）延（今陕北一带）境内有石油，旧说高奴出脂水，即此也。"他还曾预言"此物后必大行于世"。国外直至1556年才由德国人乔治·拜耳首先提出石油（Petroleum）一词，在拉丁文中，Petro指岩石，Oleum指油脂，合在一起，即石中之油。这比沈括晚了500多年。

　　石油，无论是作为燃料，还是以它为原料制成的千万种产品，几乎渗透到人类社会的所有领域，改变着人们的生活，大到政治格局、经济结构，小到人们的衣、食、住、行等日常生活。汽车、火车、飞机、轮船上的发动机所用的燃料动力，人们日常所用的塑料、橡胶制品，身上穿的衣帽鞋袜等等，只要你注意观察，几乎都与石油息息相关。所以，有人把石油比作"工业的血液"，称石油为"黑色的金子"。当今世界，石油愈来愈受到人们的关注，上至国家首脑，下到普通百姓，都不例外。据统计，上世纪后半叶发生的局部战争大多与石油有关。人们在电影中看到的激烈打斗是为争夺珠宝，而国际巨头们争夺的不是珠宝而是石油。

我国虽然是发现和利用石油最早的国家之一，但是石油工业真正的发展却是新中国成立以后的事。1949年我国石油年产量仅仅12万吨，经过半个多世纪的奋斗，2005年年产量已经达到1亿8千多万吨。尽管如此，当前国内的石油产量还不能满足国民经济和人民生活的需要。中国既是一个位居世界第五的产油大国，同时也是排名世界前列的石油消费大国。现在，我国三分之一的石油依靠进口，随着国民经济的迅速发展，石油的需求还会不断增长。

石油工业的发展，不仅对我国国民经济、国防现代化有重要意义，而且与全面建设小康社会以及人民生活紧密相关。因而越来越多的人们希望更多地了解有关石油与天然气的知识。

多年来，一提起中国的石油工业，不少人就会想到电视、电影里的钻井架、采油树、磕头机以及石油工人艰苦奋斗的形象，但对其科学精神、科学技术却了解甚少。实际上，石油工作者不仅是具有拼搏精神的创业者，还是一支掌握高新技术、具有科学精神、高素质的产业大军。中国的石油行业是全国最大的计算机用户之一，是信息技术、自动化技术以及各类新材料使用最广泛的高新技术密集行业，是应用高新技术推动传统行业、实现跨越式发展的一个新兴行业。石油工业是一个庞大的技术密集的系统工程。但有时，在新闻报道中出现的一些有关石油行业名词术语，

比如，石油资源量、石油地质储量、可采储量等等，人们往往不甚了解。因而，面向社会普及石油知识非常重要，也很必要。为此，中国石油学会科普教育委员会和石油工业出版社共同组织了上百名专家学者，编写了这套石油科普系列丛书——《走进石油》。

这套丛书基本上涵盖了石油工业的全过程，包括石油地质、石油地球物理勘探、石油地球物理测井、石油钻井、石油开发、石油开采、石油储存与运输、石油炼制与化工、石油经济及石油环境保护等10个分册。尽可能用通俗的语言、生动的比喻，深入浅出地讲述石油知识，力求科学性、知识性、趣味性和通俗性的统一。目的是让人们了解石油的科学知识，比如石油天然气是怎样生成的，石油是怎样找到的，怎样开采出来的，又是怎样输送的，石油如何加工以及产品的用途，石油与经济、石油与战争、石油与环境的关系等等。在编写过程中，我们这些多年从事石油专业的科技工作者也是倾心尽力，努力做到面向读者，换位思考，精心取材，反复修改，图文并茂，尽可能地把编写本书的着眼点放到向读者普及石油科学知识，普及科学思想、科学方法和科学精神上来，而不去过多地讲述专业性很强的石油理论或具体技术，以求让关注石油工业的社会各界人士走进石油，了解石油，迈入石油世界的大门。

这套石油科普系列丛书最初的编写设想，是2000年8月中国石油天然气集团公司原科技发展部主任傅诚德代表中国石油学会科普教育委员会在宜昌召开的年会上提出的。2001年5月，由中国石油学会科普教育委员会与石油工业出版社在南京共同组织召开了编写丛书的第一次研讨会，制定了编写大纲与编写要求，确定了丛书的主编、副主编和10个分册的编写组长。丛书主编由中国石油学会第五届科普教育委员会主任、丛书的发起人傅诚德教授担任，副主编由原石油工业出版社社长兼总编辑张家茂教授、副总编辑李希文教授担任，日常编纂工作由李希文、张绍琪、马纪、马新福负责协调。丛书主编、副主编负责丛书的总体策划，确定体例、风格与结构，撰写示范案例，并根据编写要求和进度调整和遴选分册编写人员，会同分册作者制定编写题纲，参与分册修改和审定，直至最后完稿。此后经过六次丛书审稿和十多次分册审稿，到2004年12月各分册的稿件基本达到了设计要求。

在本套石油科普系列丛书的编写、出版过程中，得到了中国石油天然气集团公司、中国石油化工集团公司、中国海洋石油总公司、中国石油学会以及中国石油勘探开发研究院、中国石油大学、胜利油田、大港油田、中国石油集团东方地球物理勘探公司、中国石油天然气管道局、中国石油集团工程技术研究院等单位的领导和一百多名专家、教授、学者的大力支持。特别应当提到的是，中国科学院、中国工程院两院院士、中国石油学会名誉理事长、原石油工业部副部长侯祥麟院士和中国科学院院士、原石油勘探开发研究院副院长、中国石油学会第一届科普教育委员会主任田在艺院士在本套丛书的编写过程中自始至终给予了热心的关心与支持，并为丛书作序。在此，对所有关心和支持《走进石油》编写出版的领导、教授、专家深表感谢。

在本套丛书的策划、编写和审稿过程中，中国石油学会科普教育委员会李俊英、鲍新建、霍建，石油工业出版社张卫国副社长、张镇总编辑、周家尧副总编辑、鲜德清主任、李俊军主任以及中国石油大学楚泽涵教授也做了大量工作，在此一并表示感谢。

社会希望了解石油，石油工业需要社会的支持。希望我们精心组织编写的石油科普系列丛书——《走进石油》能为广大读者了解石油工业提供帮助，也希望能为我国石油工业的发展贡献一份力量。

前　言

　　石油这个名词现在许多读者已经耳熟能详了，但是这种黑乎乎、其貌不扬的石油为什么被人称为"黑色的金子"呢？石油里面到底有些什么宝贝？我们生活中哪些产品来源于石油？五花八门的各类石油产品都有哪些用途和"脾气"？在使用这些千差万别的石油产品时需要注意些什么？对于这些问题，有些读者可能就有些生疏了。这本小册子就是想作为您畅游石油产品王国的导游和选购及使用各类石油产品时的参谋。当您在这方面遇到问题时，也许可以从本书的字里行间找到您想了解的知识和信息，解开一些您心中存有的谜团。

　　一百多年来，石油科学技术的发展日新月异，现在，在我们的日常生活中，石油的应用已经渗透到了各个方面，石油产品可以说在人们的衣食住行中无所不在，商品品种之多数不胜数，许多已成为人们不可或缺的了。就以汽车为例，它所需的汽油、润滑油、润滑脂、轮胎、方向盘、保险杠、挡泥板、仪表盘、涂料、坐垫和装饰织物甚至车身，哪样也离不开石油。总的来说，石油产品可以分为油品、合成树脂（塑料）、合成纤维、合成橡胶和精细化工产品等几大类。其中从石油制取的精细化工产品的品种成千上万，限于本书的篇幅这部分只能割爱了,本书重点介绍的是前四类产品。与此同时,本书还对油品和合成材料原料的生产状况作一鸟瞰,供有兴趣的读者参阅。

本书第一部分(油品篇)由梁文杰和萨学理合编,第二部分(石油加工篇)由梁文杰编写,第三、四两部分(基本有机原料篇和合成树脂篇)由马因明编写,第五部分(合成纤维篇)由张景生编写,第六部分(合成橡胶篇)由刘大华编写,全书由梁文杰、王丙申和吴棣华修改定稿。

限于作者的水平,书中肯定有不足和疏漏之处,敬请读者不吝指正。

目 录

一、油品篇

1. 石油里含有什么成分 /3
2. 石油是个聚宝盆 /4
3. 为什么不同的汽车要使用不同牌号的车用汽油 /7
4. 汽油的理想成分是什么 /9
5. 清洁车用燃料和蓝天白云 /11
6. 甲醇汽油是什么 /13
7. 酒精能用作汽车燃料吗 /14
8. 为什么有的汽车烧汽油而有的汽车烧柴油 /16
9. 柴油能从地里"种"出来吗 /18
10. 大型喷气式客机为什么能飞那么远 /19
11. 机器里为什么要加润滑油 /22
12. 从原油蒸馏出来的产物可以直接用做润滑油吗 /23
13. 只要是汽油机油就可以往汽车里加吗 /25
14. 能不能往柴油机里加汽油机润滑油 /27
15. 内燃机里加了润滑油后,可以一劳永逸了吗 /28
16. 把普通的机械油加到齿轮箱里行不行 /30
17. 变压器里为什么要加油 /31
18. 所谓"黄油"是什么东西 /33
19. 为什么有的马路在夏天会发软 /35
20. 把普通的沥青铺在高速公路上行不行 /37
21. 怎么能让房顶不漏水 /39
22. 为什么有的蜡烛在点燃的时候会"流泪" /41

23. 什么是凡士林 /43
24. 石油也能炼焦吗 /44
25. 什么是燃料油 /46
26. 多用天然气，保护环境很有利 /48
27. 用天然气或液化气可以开汽车吗 /49
28. 天然气是个宝，发展化工离不了 /51
29. 使用液化气，千万别大意 /53

二、石油加工篇

1. 石油是怎样加工的 /57
2. 加工原油的龙头——蒸馏 /59
3. 加工原油的四大件法宝 /61
4. 神奇的催化剂 /63
5. 分子可以过筛吗 /65
6. 怎么从重油里变出汽油来 /67
7. 能给石油里的分子动手术吗 /70
8. 怎么除去石油产品中的杂质 /72
9. 润滑油加工为什么要经过这么多步骤 /73
10. 石油能发酵吗 /75
11. 石油及天然气与"食"有关系吗 /77
12. 炼油厂里操作人员怎么那么少 /79
13. 怎样才能节约能量消耗 /81
14. 油火无情，安全第一 /83
15. 警惕无形杀手——石油静电 /84
16. 处理炼油厂污水至少要过三关 /86
17. 炼油厂废气能随便从烟囱里排放吗 /88
18. 土法炼油有百害无一利 /90

三、基本有机原料篇

1. 基本有机原料从何而来　　/95
2. 石油化工的基石——乙烯　　/97
3. 乙烯的同族近亲——丙烯　　/99
4. 为什么说石油化工生产的龙头是裂解炉　　/101
5. 石油化工的另一类重要原料——芳香烃　　/103
6. 碳一化工的支柱——甲醇　　/105
7. 乙醇是怎样生产出来的　　/106
8. 甲醛有毒也有用　　/108
9. 醋的主要成分——醋酸　　/109
10. 什么是环氧化合物　　/110

四、合成树脂篇

1. 塑料的应用无处不在　　/115
2. 石油是如何变成塑料制品的　　/118
3. 塑料是怎样成型的　　/120
4. 农膜是聚乙烯薄膜的大用户　　/122
5. 您知道"防弹衣"是用什么材料做的吗　　/125
6. 聚丙烯为什么是合成树脂中发展最快的品种　　/127
7. 制造塑料门窗用的是什么材料　　/130
8. 泡沫塑料的原料——聚苯乙烯　　/132
9. 汽车工业离不开ABS树脂　　/133
10. 有机玻璃用处多　　/136
11. 现代运动场的跑道是用什么做的　　/137
12. 不饱和聚酯树脂可以做人造大理石和人造玛瑙　　/140
13. "万能胶"是用什么材料制成的　　/142

14. 尼龙也是一种用途广泛的工程塑料　/144
15. "塑料王"聚四氟乙烯与"不粘锅"有什么关系　/145
16. 制造光盘的原料是什么　/147
17. 聚甲醛——耐疲劳性最优秀的热塑性材料　/149
18. 饮料瓶是用什么材料做的　/150
19. 聚苯醚的介电性能居工程塑料之首　/152
20. 什么叫功能高分子　/153
21. "尿不湿"与吸水树脂　/156
22. 种类繁多、作用奇妙的塑料添加剂　/157
23. 怎样治理"白色污染"　/160

五、合成纤维篇

1. 什么是纤维和纺织纤维　/165
2. 我国为什么要大力发展化学纤维　/166
3. 您知道有关化学纤维的一些术语吗　/168
4. 化学纤维是怎样纺丝成形的　/170
5. 化学纤维在纺丝后为什么还要进行后加工　/172
6. 您知道怎样鉴别化学纤维吗　/174
7. 最早实现工业化生产的化学纤维——黏胶纤维　/176
8. 应用最广的合成纤维——涤纶（俗称的确良）　/178
9. 耐磨性最好的合成纤维——锦纶（也称为尼龙）　/180
10. 有"合成羊毛"美称的纤维——腈纶　/182
11. 外形最类似棉花的合成纤维——维纶　/184
12. 最轻的合成纤维——丙纶　/185
13. 阻燃性能最好的合成纤维——氯纶　/187
14. 弹性最好的合成纤维——氨纶　/188
15. 多姿多彩、千变万化的差别化纤维　/190
16. 各显神通的特种纤维　/194

17. 您知道常用织物的适当熨烫温度吗　/197
18. 织物上的各种污迹该如何去除　/198

六、合成橡胶篇

1. 橡胶有些什么特性　/205
2. 合成橡胶的诞生与最早生产的品种　/207
3. 合成橡胶的发展为什么会后来居上　/208
4. 合成橡胶用得最多的单体原料——丁二烯　/211
5. 橡胶的硫化是怎么回事　/213
6. 石油、天然气是合成橡胶的原料宝库　/214
7. 聚烯烃树脂的近邻——乙丙橡胶　/216
8. 合成橡胶中的老大——乳聚丁苯橡胶　/217
9. 需要在零下100℃低温下生产的丁基橡胶　/219
10. 酷似天然橡胶的异戊橡胶　/221
11. 组成单一而结构性能多样化的聚丁二烯橡胶　/222
12. 跻身于橡胶和塑料之间的新家族——热塑性弹性体　/224
13. 轮胎是怎样制造出来的　/226
14. 什么样的橡胶制成的轮胎既省油又安全　/229
15. 橡胶为什么会老化　/230
16. 为什么要对合成橡胶进行化学改性　/231
17. 合成橡胶胶乳与我们的生活同在　/233
18. 有不含碳原子的无机合成橡胶吗　/234
19. 在外科和骨科医疗中一显身手的硅橡胶　/235
20. 大量的废橡胶该怎样处理呢　/237

一

油 品 篇

1. 石油里含有什么成分

我国是世界上最早发现和利用石油和天然气的国家之一,"石油"这个名词就出自将近一千年以前宋代大科学家沈括的传世之作《梦溪笔谈》。但是,大量开采和应用石油则还是最近一百年的事。

石油是一种从地下深处开采出来的黄色、褐色乃至黑色的可燃性黏稠液体,它们的密度一般比水小,其沸点范围很宽,从常温起一直到 800℃ 以上。世界上各个油田所生产原油的性质虽然千差万别,但是很有意思的是它们都主要由碳、氢、硫、氮、氧五种元素组成,而且碳和氢这两种元素合起来在原油里一般占到 95% 以上。所以说,石油的主要成分是分子大小不同,结构各异和数量众多的碳氢化合物,包括烷烃、环烷烃和芳香烃。假如单纯从元素的含量来看,硫、氮和氧三种元素合起来在原油中也只不过占百分之几,似乎并不很多;但是假如以含有硫、氮、氧的化合物的含量来考虑,那就相当可观了,有可能占到原油的百分之几十。因此,对于原油中所含的硫、氮、氧要特别关注。与世界上大多数油田所产原油相比,中国主要油田所产原油的含硫量一般都不太高,大多不到 1%,但是氮的含量相对比较高。大家知道,中东地区是世界上生产原油最多

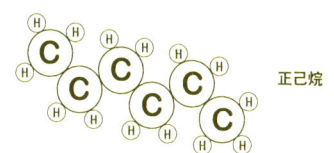

正己烷

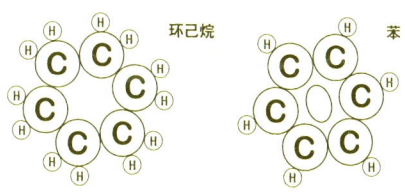

环己烷　　苯

的地方，我国每年从那里进口很多原油，这些原油的含硫量大多很高，有的竟然高达 4%。

除了碳、氢、硫、氮、氧以外，原油中还含有多达几十种的微量金属和非金属元素，它们的含量一般为百万分之几，有些甚至只有十亿分之几。微量元素在研究石油的成因以及在石油勘探方面有其独特的作用。这些元素含量如此之少，看起来对石油加工似乎无足轻重，但是实际情况并非如此，它们往往是破坏正常生产的杀手，对石油加工过程中的许多催化剂有很大的负面影响，甚至会使催化剂丧失活性。原油中含量较多和影响比较大的微量元素有镍、钒、铁、铜、钙、钠、砷等。我国原油中一般含镍比较多而含钒比较少；而国外的原油则正好相反，大多数是含镍少而含钒多。通常认为，镍与钒的质量比大于 1 是陆相成油的特征，而镍与钒的质量比小于 1 则是海相成油的特征，由此可见我国的石油大多是由陆相沉积物生成的。

2. 石油是个聚宝盆

自从 19 世纪中叶人们开始从地下开采出石油以来，石油在世界上的地位越来越重要，可以说石油已成为当今世界上举足轻重的战略物资。大到国家的工业、农业、交通、国防，小到每个人的衣食住行，全都离不开石油。别看石油的外表黑乎乎的，其貌不扬，但被人称之为"黑色的金子"、"工业的血液"，这确实一点也不夸张。

石油到底能加工出多少种产品，实在很难准确地回答。大体说来，包括燃料、润滑油、沥青、石蜡等各类油品约有五百来种，合成树脂、合成纤维和合成橡胶等石油化工产品的种类就更多了，至少有一千五百多种；至于以石油为原料制成的表面活性剂、添加剂、黏合剂、染料、涂料、香料、医药、农药和助剂等各类精细化工产品那就更是数不胜数了。

拿油品来说，数量最大的是燃料，其次是润滑剂和石油沥青。所谓燃料包括汽油、柴油、喷气燃料和燃料油；润滑剂则是润滑油和润滑脂的总称，润滑油又分为汽油机油、柴油

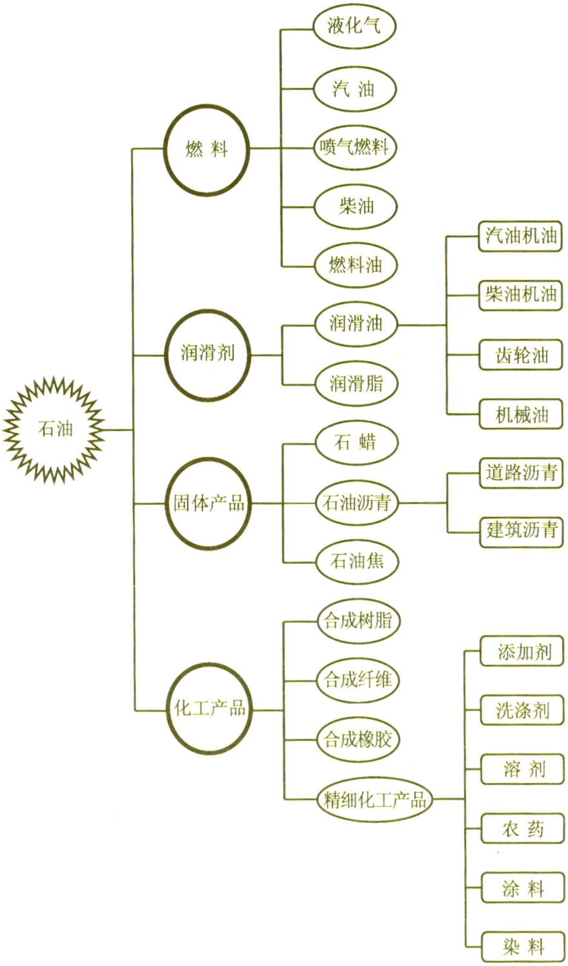

石油产品

机油、齿轮油、机械油等等。除此以外，还有一些数量虽不多但也不可或缺的固体石油产品，如石油沥青、石蜡和石油焦等。

再从人们的衣食住行来看，哪样也和石油密不可分。现在人们的衣着真可谓琳琅满目、百花齐放，这得归功于涤纶、腈纶、锦纶等合成纤维的迅速发展以及五彩缤纷的各色染料，从而使得各种款式的服装不仅美观挺括而且价位不高，让老老少少得以随心所欲地装扮自己。至于品牌众多的、能有效地清洗各种织物的洗衣粉和洗涤液也都是源于石油的产品。

有人可能觉得石油又不能吃，与"食"似乎无关。其实关系也很大，且不说现在食品的包装很多都用塑料袋，单说要使农业丰产，化肥和农药是必不可少的。目前冬季的蔬菜如此清新鲜嫩和品种繁多，塑料大棚功不可没，而地膜对于大田作物的增温保墒作用也是众所周知的。

可以说，现在家庭的装修没有不用合成树脂（塑料）的，无论是门窗、顶棚、装饰材料以及灯具等等，都要以各种合成树脂为原料。在现代的家庭中，少不了用塑料制成的既轻便又美观的时尚家具，纵然是木制的家具，也要用到从石油合成的黏合剂以及涂料等。

至于"行"，那更是离不开石油了。开汽车要用汽油，乘火车需要柴油，坐飞机得用喷气燃料，海轮上烧的是燃料油，

石油产品

真可以说石油是各种交通工具的血液。这些动力机械的运动部分都必须加入润滑油或是润滑脂，不然就会很快损毁。再者，路面上的沥青和车轮上的合成橡胶轮胎也都产自石油。

由此可见，从石油可以变出如此众多的、从生产到生活不可或缺的产品，所以说，石油真是个聚宝盆。

3．为什么不同的汽车要使用不同牌号的车用汽油

汽车是最重要的交通运输工具之一，它用的燃料可以是汽油，也可以是柴油。对于用汽油作燃料的汽车，它们的动力装置都是用火花塞点火的活塞式发动机（汽油发动机）。活塞式发动机有一个指标叫压缩比，它表示发动机里的气缸能把吸进去的气体的体积压缩几倍。汽车的性能和它的压缩比有着密切的联系，高压缩比的发动机效率高、动力性能好，所以比较高档的小轿车都采用比较高的压缩比。但是，受气缸材质及汽油性能的限制，其压缩比也不能太高，那样会弊大于利。目前轿车发动机的压缩比约8.5～10.5，用汽油为燃料的轻型货车的压缩比约为8。

对于不同压缩比的发动机需要用不同燃烧性能的汽油。为了要确切地表征汽油

汽油机

在这方面性质的优劣，人们就提出了一个重要的质量指标叫做辛烷值。就好像人为地规定水的沸点为100℃，水结冰时的温度为0℃一样，人们用两种化合物作为参比，人为地把一种在汽油机中燃烧性能极好的异辛烷规定其辛烷值为100，而把另一种燃烧性能极差的正庚烷规定其辛烷值为0。一般汽油的燃烧性能是介于这两者之间的，它的燃烧性能可用一种特殊的仪器来评定，从而得到它实际的辛烷值。辛烷值的测定有研究法和马达法两种方法，由于测定的仪器和条件的不同，所得数据是有相当差别的，前者的数值较大。我国目前采用的是研究法辛烷值，英语缩略语是RON。平时所谓的90号、93号、97号和98号车用汽油指的就是它的研究法辛烷值不低于90、93、97和98。在美国则用研究法和马达法两种辛烷值的平均值（即所谓抗爆指数）来作为车用汽油的标号，相应有87号、89号和93号。

汽车发动机的压缩比越高，要求车用汽油的辛烷值也就越高。因此，在高压缩比的汽油发动机里使用低辛烷值的汽油时，气缸中的燃料混合气的燃烧速度就会太快，甚至像爆炸一样，使发动机激烈地振动起来，能听到好像敲打气缸的声音，同时还会因燃烧不完全而冒黑烟。这样，一方面会损坏活塞和缸体，缩短发动机的寿命，另一方面又会浪费汽油。高辛烷值的汽油

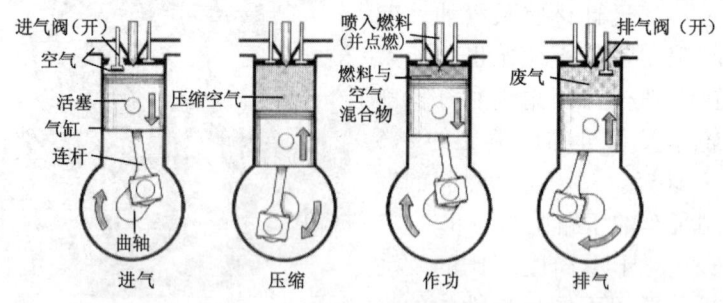

汽油机工作的四冲程

由于生产工艺相对复杂一些,价格自然也要贵一些。因此,如在高压缩比的汽车里用了低标号的汽油,似乎可以省钱,实际上既费油又损坏车子,还会造成污染,是得不偿失的。当然,对于压缩比较低的汽车,也没有必要用辛烷值过高的汽油,那样反而会因为燃烧较不完全而增加耗油量和增高排气污染。所以,汽车"喝"什么油,压缩比说了算,不能"乱点鸳鸯谱"。一般来说,压缩比为 7.5~8.0 应选 90 号车用汽油;压缩比为 8.0~8.5 应选 90~93 号车用汽油;压缩比为 8.5~9.5 应选 93~97 号车用汽油;压缩比为 9.5~10.5 则应选 97 号或更高标号的车用汽油。

4. 汽油的理想成分是什么

原油经过蒸馏后可以得到一部分很轻的馏分,但是可不能直接把它用来开汽车,因为它不符合车用汽油的基本要求。就拿衡量汽油质量的最主要指标——辛烷值来说,现在要求至少是 90,也就是所谓 90 号车用汽油。而从原油蒸馏直接得到的轻馏分的辛烷值至多只有 60,与要求相距甚远。为此,我国近年来大力发展了催化裂化工艺,目前车用汽油绝大部分是用催化裂化工艺生产的,它的辛烷值接近 90。但是,现在小轿车要求所用汽油的辛烷值至少是 93,有的则要求用 97 号甚至 98 号汽油,所以必须采取其他措施来进一步提高汽油的辛烷值。

说到底,汽油的燃烧性能是和它的成分密切相关的。大家知道汽油产品中所含的主要是烷烃、烯烃、环烷烃和芳香烃等碳氢化合物。以辛烷值来衡量,直链烷烃最差,带支链烷烃和烯烃以及芳香烃是比较理想的成分。所以,在炼油厂里还需要设有专门生产芳香烃和带支链烷烃的装置，将它们具有高辛烷值的产物掺入汽油中去，以达到 93 号、97 号或 98 号车用汽油的要求。在生产芳香烃方面，用的是以铂为催化剂的催化重整工艺，通过它可以把环烷烃脱氢为芳香烃。在生产带支链烷烃方面，主要用的是烷基化工艺，就是以催化裂化气体中的丙烯、丁烯及异丁烷为原料，以硫酸或氢氟酸为催化剂合成烷基化油（工业异辛烷）；还可采用异构化工艺将直链烷烃转化为带支链烷烃。所以，辛烷值为 93、97 或 98 的汽油产品往往是由催化裂化汽油、催化重整汽油和烷基化油等，按照质量标准的要求调配起来的混合物。

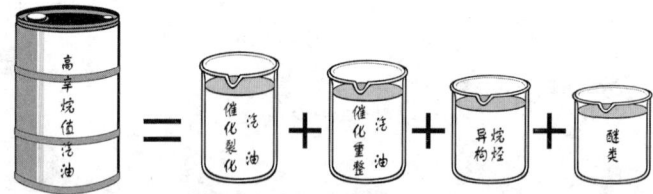

近年来，人们又发现虽然汽油里的烯烃和芳香烃具有较高的辛烷值，燃烧性能较好，但是它们对于环境有不利的影响，因而需要限制它们在汽油中的含量。这样，人们就得设法寻找其他既有较高的辛烷值而又不污染环境的物质。经过研究发现像醚类那样的含氧有机化合物基本符合这样的要求，所以近年来甲基叔丁基醚（MTBE）得到了广泛的应用，它是以炼厂气中的异丁烯和甲醇为原料而制得的。此外，同类的还有乙基叔丁基醚（ETBE）及叔戊基甲基醚（TAME）。可是，最近又有人提出，虽然 MTBE 不污染大气，但渗入地下会污染地下水，这就引起了是否要禁用 MTBE 的争议。目前，人们正在研制一些新的含氧化合物，如二甲醚、二异丙醚和碳酸二甲酯等，它们都有希望成为优质汽油的组分。

5. 清洁车用燃料和蓝天白云

这些年来，随着我国老百姓生活水平的不断提高，个人购置小轿车的越来越多。许多城市的马路上车水马龙、络绎不绝。汽车多了，交通方便了，当然是好事，但是也带来一些问题。不少城市的上空好像被一层白茫茫的烟雾盖住了，市民往往抱怨老是见不到蓝天白云。大家从电视上看空气质量日报时，可以发现全国各地很少有空气质量是一级的。当然，造成这种情况的原因是多方面的，但是其中一个很重要的祸根是汽车排放的尾气。我国现在只有三千万辆左右的汽车，若干年后真要达到上亿辆汽车时，那怎么了得！

汽车里烧的燃料是汽油或柴油，它们的成分基本上是碳氢化合物。所以燃烧后的尾气中主要是二氧化碳和水。二氧化碳是造成地球温室效应的罪魁祸首，这里暂且不论。除此以外，在汽车尾气中还有一些对环境和人体有害的东西，这就是一氧化碳、氧化硫、氧化氮、可挥发有机物等等。要解决这个问题，一方面要从改进汽车发动机的结构和净化汽车尾气着手，另一方面则要使燃料更加清洁。汽油、柴油都是浅色透亮的，肉眼并看不出有什么不干净的东西。这里所说的"清洁"，是指要求在燃烧产生的尾气中污染物尽量的少，以保护环境。

从减少尾气污染的角度，世界各国对汽车燃料的组成有越来越严格的要求，其中首要的是硫的含量。汽油和柴油中的硫燃烧后都变成了氧化物，而氧化硫散逸到空气中便会形成酸雨，危害极大。要降低汽车尾气中的的氧化硫含量，就得降低燃料中的硫含量。我国现行的产品标准里要求大城市中车用汽油的含硫量不超过 0.08%，车用柴油的含硫量不超过 0.05%。但是，一些发达国家已对此作出更严格的规定，要达到欧盟对汽车尾气排放的Ⅲ号标准，所用车用燃料的含硫量就必须低于 0.015%。今后，我们也得往这个方向努力。

从汽油的燃烧质量来说，苯类的芳香烃是比较理想的组分，所以有些炼油过程的目的就是提高汽油中芳香烃的含量。但是，过高的芳香烃含量会导致汽车尾气中有毒物质增多，其中的苯则更是致癌的物质。

我国的汽油大部分是用催化裂化工艺生产的，其中含有相当多的烯烃。烯烃本身在汽油机中的燃烧性能是比较好的，但是烯烃含量高很容易产生沉积物堵塞喷油嘴，从而使发动机的效能降低，并会使尾气中氧化氮等有毒物质的含量增多，不利于环境保护。

所以，燃料的所谓"清洁"，就是要求在保持燃烧性能良好的前提下，尽量控制其中硫、芳香烃和烯烃的含量，以减少对空气的污染。这样才能在满街风驰电掣般跑着汽车的情况下，抬起头来又能赏心悦目地看到蓝天白云。

6. 甲醇汽油是什么

人们一听到"甲醇"这个名词马上会和毒酒联系起来，感到不寒而栗。甲醇确实有毒，喝了含有甲醇的假酒会使人致盲，甚至致死。但是，把甲醇掺入汽油里来开汽车，那可不是伪劣产品，而是一种合格的车用燃料。

至于为什么要往汽油里掺甲醇，这就得从我国的能源状况说起。近年来我国国民经济发展之快，令世人瞩目。交通运输业的发展更为迅速，汽车的拥有量与日俱增，这就需要源源不断地供应车用燃料。可是，由于探明的地下石油资源的制约，虽然经过石油工作者千方百计的努力，使石油产量有了很大的增长，但仍远远满足不了需要。现在，我国已从石油基本自给的国家变成了石油的进口国，每年要从中东等地区进口成亿吨原油，这不仅要花费掉大量辛辛苦苦攒起来的外汇，而且也关系到国家的战略安全。另一方面，我国的煤炭资源十分丰富，年产量已达20亿吨，稳居世界首位，如能把煤转化为车用燃料，岂不是可以缓解石油不足的矛盾。

用煤为原料来生产车用燃料的方法很多，把煤变成甲醇就是其中之一。从煤制取甲醇的过程与从煤制取合成氨的过程是很类似的，就是先将煤和水及空气制成氢气和一氧化碳，然后再经过一系列的反应合成甲醇。

实践证明，在汽油中掺入10%～15%的甲醇，汽油机不需要改造就可以使用，而且燃烧情况良好，排气中污染物也较少，有利于保护环境。有人还曾试过将发动机改装后直接用甲醇开汽车，效果也可以。但是，迄今甲醇汽油尚没有大量应用，这主要是由于甲醇的毒性、对金属的腐蚀性和对橡胶的溶胀性。尚需指出，甲醇和汽油并不能完全互溶，因而还需要加入适量的助溶剂以防止它们分层。此外，由于甲醇是溶于水的，所以甲醇汽油中不能含水。

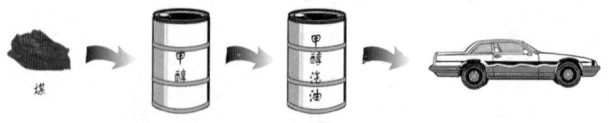

甲醇汽油

甲醇还有一个极有前景的用途是作为燃料电池的燃料。所谓燃料电池就是把氧气和氢气分别通入电池的正极和负极，在电池中发生氢和氧化合为水的反应，并将反应的化学能转变为电能，进而可以驱动电动汽车等。这种能量转换方式不仅效率极高而且污染很少。作为燃料电池的原料，可以用氢气、天然气、汽油以及甲醇等。可是，氢气和天然气都是气体，不便大量储存和使用，从汽油转换为氢的设备又非常复杂，至今还没有形成成熟的技术，而甲醇不仅分子中富含氢，而且又是便于储存和使用的液体，所以它是燃料电池汽车比较理想的燃料。现在汽车尾气的污染已成了城市的公害，此类绿色的以甲醇燃料电池为能源的电动汽车的问世，无疑是一大福音。

最后还要强调的是，千万别忘了甲醇是有毒的，不仅不能进嘴，也不能与皮肤接触，在使用时一定要注意防护，以确保人身安全。

7. 酒精能用作汽车燃料吗

我国是有着悠久酒文化的文明古国，数千年前人们就已经学会用粮食发酵酿酒。酒的主要成分是乙醇，也就是平常所说的酒精。当说到酒和汽车有关系时，人们首先想到的是酒后不

能驾车。至于说酒精还能开汽车,那么有人肯定会感到是异想天开、匪夷所思。哪里知道,近年来各国的研究都表明,假如在汽油中适量掺入一部分酒精,汽车照样可以安全、平稳地行驶,即使乙醇的浓度高达85%~95%也可用作车用燃料。

多年前,巴西、美国等曾喊出过这样的口号"为了我们的农民兄弟,请使用乙醇汽油"。燃料乙醇工业已在世界许多国家得以迅速发展。2001年,美国燃料乙醇消费量达550万吨,巴西则更多,2001年超过1000万吨,占全国汽油消费量的43%,这给他们两国带来了巨大的综合收益。

大家都知道,我国的石油资源相对短缺,现在每年都要进口大量原油,因而迫切需要寻找一些替代燃料。考虑到我国是个农业大国,如能把某些农作物以及无法食用的陈化粮等转化为乙醇,再把乙醇掺入汽油中作为燃料,岂不是利工利农、两全其美的良策?现在我国已在黑龙江、吉林、辽宁、河南和安徽等省开始试用乙醇汽油。

还需要指出,加入汽油的并不是一般的乙醇,而是一种所谓"变性燃料乙醇"。变性燃料乙醇是以玉米、薯类、甘蔗、甜菜等为原料,经发酵、蒸馏制得乙醇,脱水后再添加2%~5%的变性剂加以变性的燃料乙醇。这种变性燃料乙醇是绝对不能当酒喝的,加入的变性剂是汽油,其目的是为了不让人们当食用酒精饮用。将一定量的变性燃料乙醇加入到符合要求的汽油中,便成为车用乙醇汽油。在汽油中加入变性燃料乙醇的比例可在8%~25%之间。我国目前生产的乙醇汽油中含变性燃料乙醇10%,其牌号前均冠有字母"E"。

研究表明,生产1吨乙醇大致要消耗3吨粮食,若按照百分之十配兑比例计算,可以调配出

约10吨乙醇汽油。相对于中国每年数千万吨的汽油消耗量，可以看出乙醇汽油广阔的发展前景，它蕴涵着粮食转化的巨大潜力。此外，农作物秸秆中的纤维素和半纤维素经过水解后也可以发酵生产乙醇，这样，乙醇汽油的原料来源就更广了。

用车用乙醇汽油开汽车还有一个好处是其尾气中的一氧化碳、碳氢化合物等污染物浓度显著减少。所以，可以说车用乙醇汽油不仅可以缓解石油供求矛盾，还有利于农业生产，并能有效地降低汽车的有害气体排放，真是一举多得。

最近，国外还有关于把乙醇用作小型飞机燃料的报道。此外，有人还曾试验将乙醇加入柴油作为柴油机燃料，也取得了有应用前景的结果。

8．为什么有的汽车烧汽油而有的汽车烧柴油

路上行驶的各种类型的汽车，为什么有的烧汽油，而有的则烧柴油？究其原因，是由于汽车里装的发动机不同：有的汽车里装汽油机，而有的汽车则装柴油机。至于在铁路上运行的内燃机车中装的则都是柴油机。汽油机和柴油机这两种内燃机的最大区别在于，汽油进入汽油机气缸后用电火花点燃，而柴油则是在喷入柴油机气缸时，与气缸里温度很高（500～700℃）的压缩空气相遇后，不用点火，柴油就会发生自燃。可见这两种内燃机的燃烧机制大相径庭，因而它们对于燃料的主要要求也南辕北辙。对于汽油机来说，要求所用的燃料不容易自燃，必须要用电火花点火后才能燃烧，而且燃烧必须平稳，速度不能太快，不能出现类似爆炸的情况。对于柴油机而言，

正好相反，它要求燃料很容易自燃，柴油进入气缸后能立即燃烧，而且速度要快。所以，假如把柴油加入到汽油机里，或者把汽油加入到柴油机里，又或把两者混合在一起使用，都会由于燃烧不正常而发生严重的震动，机器很快就损坏了。

由于汽油机和柴油机在工作原理上的差别，它们对所用燃料的要求就很不一样，各自所需的理想成分也就显著不同。在各种烃类中，直链烷烃最容易自燃，芳香烃最不容易自燃。由此可以推断，对于柴油机，直链烷烃是比较理想的成分，而芳香烃则不是理想成分；就汽油机而言则恰恰相反，芳香烃是比较理想的成分，而直链烷烃则不然。衡量柴油燃烧性能的指标叫十六烷值，人们将在柴油机中燃烧情况很好的正十六烷的十六烷值人为地定作100，而将在柴油机中燃烧性能极差的芳香烃——α-甲基萘的十六烷值定为零。实际的柴油油样，可以在一台专用的测定机器上与标准油样进行对比测得其十六烷值。目前的国家标准中，规定城市车用轻柴油的十六烷值均不得低于45。

像汽油一样，柴油也有若干牌号，它是以其凝点来划分的。这是因为作为燃料的柴油在使用时，必须是液体。所谓凝点，就是油料在一定的仪器中和规定的条件下呈现凝固现象的最高温度。但是，柴油的分子量比汽油约大一倍，其中的典型成分如正十六烷的凝点是18.2℃，它在冬季的温度下已是固体，所以要对柴油的凝点提出要求。柴油的牌号共有7个，即10号、5号、0号、-10号、-20号、-35号和-50号，所谓10号柴油就是要求其凝点不能高于10℃，其余类推。这样，便可以根据地域和季节的不同来加以选用。例如，在北方，冬季就一定要用-10号或凝点更低的柴油，而在夏季则用10号柴油就可以了。

内燃机车

9. 柴油能从地里"种"出来吗

石油是不可再生的资源，用掉一点就少一点，总有一天要耗尽。我国的石油资源以十几亿人口折算，人均是比较少的。更何况，我国经济的迅速发展对能源的需求与日俱增，目前每年进口的石油及石油产品已达到了上亿吨。当然，在经济全球化的今天，合理利用国外的石油资源也不失为解决问题的途径之一。但是，人无远虑，必有近忧，必须及早千方百计地寻找石油的替代品。

同用甲醇或乙醇来替代部分汽油一样，人们现已开始以植物油为原料来制取柴油的替代品。在我国，柴油的消费量约为汽油的两倍，如能以动植物油脂为原料生产出所谓生物柴油，那不仅在近期能够缓解柴油的供应紧张，而且由于其资源取之不尽、用之不竭，还十分有利于保证我国的能源安全。

历史是很有趣的，1897年德国人狄色尔在试验他所发明的柴油机时，就是用植物油做燃料的。后来由于石油的大量开发，柴油机普遍使用从石油中提炼的柴油为燃料。但是随着石油危机的出现，人们逐渐重视石油替代品的开发。1983年，美国科学家首先将植物油脂肪酸甲酯用于柴油发动机，现在美国生物柴油年产量已达几十万吨，欧盟国家生物柴油的产量更是突破了100万吨，加拿大、巴西、日本等国家也在积极发展生物柴油。

生物柴油的原料来源极为丰富，可取自棉籽、油菜籽、大豆、米糠、油粽以及各种动物油脂。此外，榨油废渣和城市里令人心烦的餐饮废油（即所谓垃圾油、泔水油）也可利用，这样不仅可以得到柴油机燃料，同时又保护了环境，岂不一举两得！

从化学结构上看，植物油都是不饱和脂肪酸的甘油三酯，

生物柴油

每个分子中包含三个脂肪酸结构，每个脂肪酸结构又是由十几个碳原子组成的，所以它们的分子量会高达 800 左右。不经加工的植物油虽然也可以直接用作柴油机燃料，但是由于它们的密度大、黏度高、挥发性差、燃烧性能不太理想。因而，需要对植物油进行化学处理，把它们转化为不饱和脂肪酸的甲酯或者乙酯。这类甲酯或者乙酯的分子量只是植物油的三分之一左右，它们的密度、黏度及燃烧性能与普通柴油相当接近。生物柴油可以单独使用，也可掺入普通柴油中一起使用，柴油机无需改装就能正常运转，十分方便。

生物柴油中不含硫与芳香烃，与普通柴油相比，其燃烧尾气中不含硫的氧化物，颗粒物和一氧化碳等污染物的排放量也仅为常规柴油的 20% 左右，多环芳香烃类致癌物则更是大大减少，所以它还是一种保护环境的绿色能源。

总而言之，无论是从缓解燃料紧张，还是从保证能源安全或保护环境的角度考虑，生物柴油都是需要大力发展的新型能源。

10. 大型喷气式客机为什么能飞那么远

现在，人们出远门，飞机已成为常用的交通工具。有的大型客机能满载几百位旅客升上蓝天，在离地几千米甚至上万米的高空中翱翔，中途可以不用再加油直接飞渡太平洋、大西洋，使地球似乎也缩小成了一个"地球村"，令人有"天涯若比邻"的感觉。早先，飞机的发动机和汽车相同，都是活塞式的，其中烧的是航空汽油；而现代大型客机的动力则都是喷气发动机，它的原理和火箭相似，是靠着燃料燃烧后排出气体的反作用力来推动的。要把重达几百吨的喷气式飞机升上天，还要送到上万千米以外的异国他乡，可以想像得消耗多少能量！这种能量就来自于喷气式飞机燃料（简称喷气燃料），所以喷气式飞机上都要带上体积很大的油箱。喷气燃料的沸点范围介于汽油和柴油之间，基本相当于煤油，所以旧称航空煤油。一般民用喷气式飞机并不进行空中加油，它能飞多远，取决于飞机本身所带燃料在燃烧后能释放出多少能量。那么，有人会想，何不多带一些燃料，岂不可以飞得更远些？现在，喷气式飞机里油箱的体积已经相当大，它起飞时所带燃料的重量已经达到飞机总重量的30%～60%，假如再要加大那就会使飞机不堪重负了。

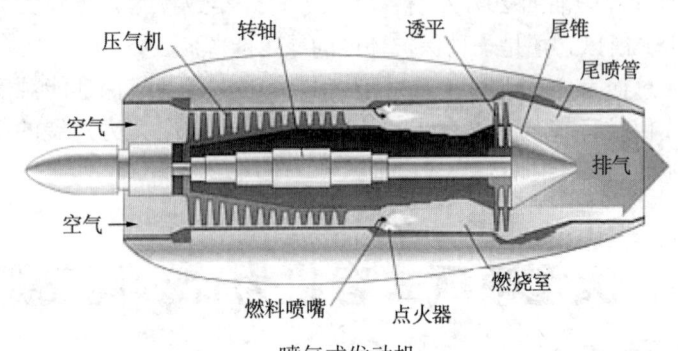

喷气式发动机

既然增大油箱体积已经没有多少余地，那就要使有限的燃料释放出尽可能多的能量。喷气燃料的一个重要质量指标是它的热值，它表明每克燃料在完全燃烧后能放出的能量，一般喷气燃料的热值在每克42800焦耳左右（就是说燃烧1千克喷气燃料发出的热量可以把100多千克的水从室温加热到100℃）。喷气式飞机的性能主要取决于发动机提供的推力，热值增大1%，发动机的推力也可增大约1%。一架大型的喷气式飞机最多可以带一百几十吨喷气燃料，它的总能量可以达到几万亿焦耳，相当于一枚威力不小的炸弹所释放的能量，足以把1万多吨的水从室温加热到100℃。据报道，在9·11事件中，美国世界贸易大厦之所以轰然倒塌，很重要的原因是由于撞击的飞机是满载燃料刚刚起飞的，上百吨喷气燃料燃烧引起的高温烧垮了大楼的钢质骨架所致，可见一架大型客机所载的能量有多么大。

既然飞机油箱的体积已定，它能装燃料的体积也就限定了，那么还有没有潜力可挖呢？打个比方说，一个体积为10升的桶，对于密度较小的食用油可以装9千克左右；假如用来装水，那就是10千克；要是装密度较大的蜂蜜的话，那就可以装14千克左右了。这说明要想使飞机的油箱多装一些能量，就得想法增大喷气燃料的密度，这样才能在单位体积内蕴含更多的能量。因而在喷气燃料的质量指标中规定了它的密度不能小于某个数值，以保证飞机尽可能多带一些能量上天，以加大航行的距离；当然密度也不能太大，太大了会由于过于黏滞而引起其他一些弊病。

喷气式飞机

11. 机器里为什么要加润滑油

凡是骑自行车的人都有这样的体会，假如链子上不加油，蹬起来就很费劲。经过加工的金属表面用肉眼看起来是很平滑的，有时甚至像镜子一样锃亮。但是，把它放在显微镜下面放大几千倍后就原形毕露了，原来它的表面也是起伏不平的，既有"崇山峻岭"，又有"深壑峡谷"，还有"连绵不断的丘陵"，几乎没有一处是开阔的平原。这样两个表面叠在一起时，必然形成互相穿插、犬牙交错的局面。假如用力使这两个表面向相反的方向运动时，这些在表面上的"山峰"或者被切断或者在对方的表面上犁出一道深沟。此外，还有一些表面之间会因为受压而黏在了一起，当往两个方向扯时，便会把他们断开。凡此种种，一方面会使得金属表面伤痕累累，同时还会不断产生热量，这就是大家都有过体验的"摩擦生热"现象，严重时温度甚至会高到使金属熔化。

怎么才能解决这个问题呢？人类是很聪明的。据考证，远在几千年以前，在《诗经》里已经提及要给车轴上油的事了。至于为什么给车轴上了油会使车轱辘转起来滑溜，一直到500年前才搞清楚。在干燥的路面上你可以信步行走，可是当地面有水时，不经意就有可能打滑甚至摔倒。这是因为当地面干燥的时候，你的鞋底与地面之间的干摩擦力足够大，所以不会打滑；而一旦地面有了水，鞋底与地面不直接接触，两者

之间有一层水膜,而水的内摩擦是很小很小的,当然就无法支持你平稳行走了。同样,在机器的运动部分,假如加上了油,那么在运转时两个零件的表面之间就会形成一层有足够厚度的油膜,这层油膜就会把两者分隔开来。这样,两个在显微镜下凹凸不平的表面就不再互相接触了,代之以两个机件分别和油接触,便可使它们如鱼得水、畅游自如。这样既保护了机件的表面,使它能长期运转,又会因为以油的内摩擦代替了机件间的干摩擦,使摩擦力显著减小,从而大幅度地节省能量。

曾经有一个工厂里有几台价格昂贵的进口机器,有一天它们高速转动的轴突然发热冒烟了,经过检查,发现原来是一位操作人员违规把供给机器转轴的润滑油给停了。打开机器一看,原来锃亮的转轴已经烧得坑坑洼洼面目全非了,只能报废,损失惨重。所以,可以说润滑油是绝大多数机器须臾不可离的"伴侣",没有它机器无法转动,使用不当也会使机器的寿命大大缩短,切不可掉以轻心。

12. 从原油蒸馏出来的产物可以直接用做润滑油吗

大家知道原油经过蒸馏可以得到轻重不同的产物,专业上称为馏分油。其中经减压蒸馏得到的、沸点范围比较高(350℃以上)的馏分油比较黏稠,往往还含有蜡,经过精制除去杂质和蜡以后它就很透亮了。能不能就直接把它加到机器里当润滑油用呢?万万不可!纵然经过了精制和脱蜡,这些馏分油也仅仅是制取润滑油的原料,一般称为润滑油基础油,而市面上出售的商品润滑油都是由基础油和添加剂两部分组成的。

润滑油的品种多达数百种，下面仅以汽车用润滑油为例来说明为什么一定要加添加剂。这个话题还得从汽车发动机十分苛刻的工作条件说起。汽油在发动机里燃烧后的温度高达上千摄氏度，在这样高的温度下单纯的基础油很容易被氧化，而在发动机气缸和活塞上生成像油漆一样的膜甚至是很硬的焦炭，这样，发动机很快就会由于磨损而毁坏了。为了弥补基础油种种先天的不足，人们便有针对性地加入各式各样的添加剂来改善它的各方面性能。虽说是添加剂，但是它们的加入量并不很少，有时总量甚至会达到 10% 左右。

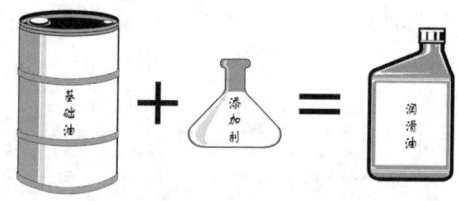

对于汽车用润滑油，比较重要的添加剂是所谓清净和分散添加剂，它们大多是一些分子量比较大又能溶于油的洗涤剂。在汽车发动机里那种高温、高压的条件下，要使润滑油一点也不氧化是不可能的，加了此类清净和分散添加剂，可以把氧化后生成的产物分散悬浮在油里，尽量不让它沉积在气缸和活塞的表面上。假如已经黏上了，也能洗下来一部分，那样便可以大大减轻机器的磨损，延长它的寿命。当然，假如能抑制润滑油的氧化，当然更理想了。但是在汽车发动机里，一般的抗氧化添加剂很难奏效，需要用一类含有硫和磷的多功能抗氧添加剂。为了减少气缸的磨损，还得加入抗磨添加剂。此外，还有使润滑油能在低温下流动的降凝添加剂，能使润滑油适应温度高低变化的黏度添加剂以及能抑制润滑油起泡的抗泡添加剂等等。

总起来说，润滑油添加剂共有 20 多个门类，一二百个品种，是一类技术含量比较高的石油产品。随着汽车技术的发展，

所用发动机的工作条件越来越苛刻，因此对润滑油质量的要求也就越来越高，而满足这种要求的关键是要着力研制添加剂新品种并不断改进它的性能。

13．只要是汽油机油就可以往汽车里加吗

大家都知道汽车在工作时，其发动机中的活塞要在气缸中以很高的频率上下运动，必须要加上润滑油，才能使其运转顺畅。现在市面上出售的润滑油品种很多，那么是否可以买上任何一种叫做汽油机油的润滑油都可以往汽车发动机里加呢？那可不行，必须要根据所用发动机的工作条件来选择，选用不当会损伤机器，缩短它的寿命。

汽油机油商品包装上都印有类似 SE 30、SH 40 等标志其牌号的字样。这表明汽油机油是从两个方面进行分类的，前面两个大写的英文字母是表示它的质量等级，而后面的数字则表示它的黏度等级。国际上通常是以 API（美国石油学会）的标准来确定发动机油的质量分类。按照 API 的规定，凡是汽油机油，它的牌号的第一个字母就一定是"S"，而第二个字母按顺序为 A、B、C、D ……，越往后表明其质量越高。SA 和 SB 两个等级的汽油机油因质量太差已经淘汰，不再生产。目前还在使用的有 SC、SD、SE、SF、SG、SH、SJ、SL 等质量等级的汽油机油。自 20 世纪初汽车作为商品问世以来，汽车发动机经过了许多改进，它的工作条件越来越苛刻，随之对汽油机油质量的要求也就越来越高。这种发展趋势是不会停止的，不久的将来一定还会出现比 SL 质量更好的汽油

机油。具体来说，对于解放和东风汽车可选用 SC 级汽油机油，而新解放和改型东风汽车，压缩比为 7 左右，并装有曲轴箱正压通风装置，可选用 SD 级汽油机油。一般小轿车压缩比为 8～10，可选用 SE 级汽油机油。对于压缩比大于 10 的高级轿车，由于其工作条件更加苛刻，就得选用质量更高的 SF、SG、SH、SJ 甚至 SL 级的汽油机油。对于轿车，在选用汽油机油时，质量等级上宜高不宜低，这样有利于保护发动机，可以延长其寿命。档次较高的汽油机油，在价格上是要贵一些，但是，总起来看还是合算的。

　　汽油机油的牌号中后面的数字表示的是按照 SAE（美国汽车工程师学会）规定的黏度等级，共分 0W、5W、10W、15W、20W、25W、20、30、40、50、60 等 11 个等级。其中的数字越大，表示其黏度越高，但是它在数值上并不等同于目前常用的黏度。英文字母 W 则表示适宜于冬用。黏度的选用要根据发动机工作环境温度、热负荷和机械负荷，其中前者是最重要的依据。冬季寒冷地区，应选择黏度小的汽油机油；全年气温较高的地区，则可选用黏度适当高一些的油。对于新发动机可用黏度较小的汽油机油，而对于较老的发动机，其机件间的间隙已由于磨损而增大，则应选用黏度较大的油。如果选用的汽油机油的黏度过大，而质量又不当，那就会带来燃料和机油消耗增大、功率降低、磨损增加等负面影响。

　　市售的油品中还有如 SG 15W/40 这样的多级汽油机油，此类油具有特殊的配方和出众的性能，在低温下它的黏度不太大，而在高温下它的黏度又不太小。就北京地区来说，夏季最高温度在 35℃ 左右，冬季温度最低为 −20℃，上述 15W/40 黏度级的汽油机油就可以四季通用，不必随季节变化而换油。多级油不仅具有良好的低温启动性能，同时具有优良的热启动性能，还能减少发动机的磨损和机油的消耗，所以目前在发达国家已广泛使用。

14. 能不能往柴油机里加汽油机润滑油

有的汽车烧汽油,有的汽车烧柴油,有人可能会以为,既然汽油机和柴油机都是内燃机,汽油机油当然也可以用于柴油机。其实不然,这是因为汽油机与柴油机的工作条件有相当差别。柴油机的压缩比一般为16~20,大约比汽油机的压缩比大一倍。柴油在气缸里燃烧后,其压力可达50~120大气压(5~12兆帕),而汽油机里压力最高也只有30~40大气压(3~4兆帕)。汽油机活塞顶部的温度一般在250℃左右,而柴油机活塞顶部的温度可达325℃以上,柴油发动机底部盛放润滑油的曲轴箱的温度就高达120℃。由此可见,柴油机的工作条件要比汽油机苛刻得多,其热负荷和机械负荷都要大得多,在那样的高温、高压条件下工作的润滑油是很容易变质的,因此必须对它的质量提出更高的要求。所以,假如把汽油机油加入到柴油机里,由于它承受不住这么苛刻的条件,从而很快变质,这样就会缩短柴油机的使用寿命。

像汽油机油一样,柴油机油也有许多牌号。按照API(美国石油学会)的规定,它的牌号也是由英文字母和数字组成,例如CF 40。其中第一个字母C表示柴油机油,第二个字母表示其质量等级。CA和CB级柴油机油现已淘汰,目前采用的有CC、CD、CE、CF、CF-4、CG-4及CH-4级等。柴油机油质量等级的选择主要根据柴油机的热状况,因为热状况是影响润滑油质量变化的主要因素。柴油机的负荷越大、工作温度越高，柴油机油结焦和氧化变质的倾向越严重。具体来说，CC级柴油机油适用于中小型客车及轻型卡车等，CD级柴油机油适用于大型客车、重型卡车、工程机械及采矿设备等，CE级柴油机油适用于高性能、大功率柴油机及车辆，CF级柴油机油用于非高速公路的柴油机车辆，而CF-4、CG-4及CH-4级则适用于高速公路重型卡车。像汽油机油一样，柴油机油牌号中的英文字母后面的数字也是表示按照SAE（美国汽车工程师学会）规定的黏度等级，数值越大表示它的黏度越高；数值后面假如还有字母W，那就表明这种油适用于冬季气温较低的环境。和汽油机油相似，柴油机油也有四季通用的多级油品种。当看到诸如CF 15W/40那样的牌号，那就肯定是一种多级的柴油机油。

为了防止出现因用错机油而损坏发动机，近年来又采取了简化品种的方法，其中之一是研制出了汽油机和柴油机的通用润滑油。此类机油的牌号中同时标出了两方面的质量等级，如SF/CD、SG/CF-4等等。同样，还有多级的通用润滑油，它既可用于汽油机和柴油机，又是四季通用，例如15W/40 SF/CD就是一种此类"双通用"的内燃机油。

15. 内燃机里加了润滑油后，可以一劳永逸了吗

世界上许多事物都经历新陈代谢，润滑油也不例外；而对于一切生物则都有一个生老病死的过程，润滑油当然是没有生命的，可是很有趣的是它也有类似"生老病死"的变化。在汽油机或柴油机里的工作温度和压力相当高，又有氧气、水蒸气

等，环境相当复杂，润滑油要能经得住考验必须得有"过人"的本事。刚开始使用的新鲜润滑油，其中的基础油性能良好并含有足量的各种改善性能的添加剂，就像一个体格健壮的年轻人，不管工作条件如何恶劣，也能胜似闲庭信步，应付自如。可是，长期在那样苛刻的条件下工作，润滑油本身就会发生氧化变质反应。刚开始时，靠着各种添加剂的"滋补"，变化还不太明显。可是时间一长，这些添加剂的"药力"逐渐减弱，不断产生的各种氧化产物又会进而缩合成黏黏糊糊的胶状物质。这样它就像人会慢慢衰老一样，"体质"逐渐下降。这时，林林总总的"病魔"也开始"缠身"了。最常见的"病"有：燃料燃烧产生的水和酸性物、燃烧不完全而生成的烟炱以及机油在气缸里氧化生成的沉积物都会污染机油；道路上的灰尘、沙土以及机器磨损下来的金属细屑也都混入机油中；有些没有燃烧的燃料会渗漏到曲轴箱中，使机油因稀释而黏度降低。凡此种种，经过一定时间，机油就会因"体质虚弱、病入膏肓"而严重衰败，无法担负起润滑机器的重任，只能"寿终正寝"另换新油。

由此可见，内燃机里加了润滑油后并不是一劳永逸的，而

内燃机润滑油的污染物

是要定期换油的。那么，内燃机油的换油期到底是多长呢？其换油期的长短是由油品质量变化和报废指标决定的，当机油的性质达到报废指标时就应该换油。报废标准的项目很多，主要有黏度、闪点、杂质、水分、稀释度及金属含量等。由此可见，换油期的长短取决于汽油机油的质量，对于质量特别好的机油，其换油里程会长一些。一般生产汽车的厂商都会在相关文件中写明要求使用机油的等级，并推荐换油期的长短。该换机油时如不及时更换，将会对机器造成伤害，缩短它的寿命，所以千万不要因小失大。

16．把普通的机械油加到齿轮箱里行不行

齿轮是常见的机器传动零件，小到钟表、儿童玩具，大到车床、汽车、轧钢机等都离不开齿轮。像汽车和车床等许多机器都借助变速箱来改变速度，而变速箱里全是大小不一的各种类型齿轮。对于机器里的齿轮，除了负荷很轻的微型和小型机械外，是不能用普通的机械油来润滑的。其原因还得从齿轮传动的特点说起。在传动的过程中，齿轮与齿轮之间的接触面积很小，只是一条很窄的带状区域，这就导致单位面积上的压力很大，甚至达到相当于几千至几万大气压（几百至几千兆帕）。在这么高的压力下，普通的机械油就会被挤压出去，不能留在两个接触的齿面之间，当然也就无法

齿轮

起到润滑作用。所以,单纯采用一般的机械油会使齿轮在运转中出现齿面的擦伤和磨损现象,无法正常工作,其寿命大大缩短。

实践证明,单靠石油馏分本身是解决不了这个问题的,非得加入一类叫做抗磨添加剂的物质不可。这样才能使齿轮的齿面上形成一层比较牢固的膜,而尽量不使齿轮与齿轮直接接触。这类抗磨添加剂的品种很多,大体可分为两大类。一类是像硫化棉籽油等能牢固地吸附在金属表面的物质,可是此类物质在温度太高时就不起作用了。另一类是含有硫、磷等元素的能与金属表面在高温下发生反应的物质,这层由反应生成物构成的膜能承受高压而不脱落,很好地保护了齿轮的表面,使其不致因擦伤等而磨损。

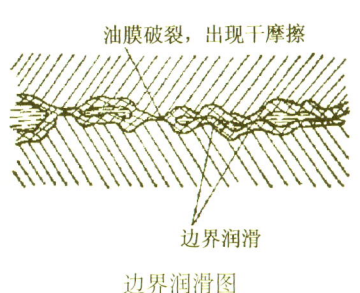

边界润滑图

齿轮油有许多牌号,总的有工业齿轮油和车辆齿轮油两大类。在车辆齿轮油中,根据其使用条件的苛刻程度分为普通车辆齿轮油、中负荷车辆齿轮油和重负荷车辆齿轮油3个质量档次,每一个档次又包括7个黏度等级,所以在使用时要根据机械的要求细心选择,不能张冠李戴。对于负荷较大的机械,如不适当地使用了低档的齿轮油,那么齿轮照样还是会磨损;当然,对于负荷较小的机械,就没有必要使用高档的齿轮油,那样徒然增大开支。

17. 变压器里为什么要加油

现在无论在城市还是在农村,电已成了人们生活里必不可少的能源，到处都可以看到有架空的电线和大小不一的变压器。电在长距离输送时，为了减少线路里的损耗，就得在发电厂里用变压器把电压升高到几千甚至几十万伏特。具有这么高电压的电显然不能直接用到一般工业机械和家用电器上去，就需要再通过变压器把电压降至220伏特，这样才能保证用电的安全。

变压器的外观是一种外面连有许多垂直管子的容器，容器里面装满着一种叫做变压器油的石油产品。大家都知道，为了使机器能正常地运转，一般都要加润滑油，而变压器里根本没有运动的部件，为什么一定要加变压器油呢？现在差不多每家每户都有些小变压器，用来把电压从220V降到9V、6V或者3V，以作为一些小电器的电源。你会发现，这些小变压器在使用过程中都是发热的，有时甚至会烫手。这是因为变压器在工作时，总有一少部分电能会转化为热能。当变压器比较大时，它所释放热能的量就相当可观了，假如不设法取走这些热量，变压器的温

变压器

度就会越来越高，最后会把变压器烧坏的。为了解决这个问题，人们便把用于变压的线圈和硅钢片全都浸泡在变压器油中，用油来吸收它所放出的热量。当变压器油通过变压器外面的管子对流流动时，就会把热量散发到周围的空气中去，这样便可保持变压器中的油温不会太高。由此可见，变压器油的功能并不是润滑，而是作为一种把变压器产生的热量散发到空气中去的一种中介媒体。

生产变压器油的原料是经过减压蒸馏得到的、黏度比较小

的石油馏分。根据变压器油的特殊功能，对它还有一些特殊的要求，其中最重要的是它的电性质。油品本身在一般情况下是不导电的，由于变压器油是在高电压下使用的，所以一定要具有非常好的电绝缘性能，就是说在很高的电压下也不会被击穿。首先在变压器油里是绝对不能含水的，一旦有水变压器就可能会因短路而烧毁。再者，变压器是一种长期使用的固定设备，当然其中的变压器油也希望能长期使用，至少10年甚至15年不变质，以保证供电的稳定和安全。变压器油这样长时间与空气以及铜和铁等金属接触，假如它的抗氧化性能不好，就会生成酸类和水等，从而导致其电性能的变坏以及设备的腐蚀等弊病。为此，变压器油都需要经过非常严格的精制，以除去油中的种种有害成分，同时，为了防止氧化，还得加入一些抗氧化的添加剂，以延长它的使用寿命。变压器一般都是露天放置，为了保证它在冬季能正常运行，要求变压器油的凝点比较低，目前变压器油的牌号就是以它的凝点来划分的。

属于这一类电气绝缘用油的还有电缆油和电容器油等，它们是装在高压电缆和电容器中，起绝缘作用的。

18. 所谓"黄油"是什么东西

骑自行车的人们都知道它的前后轴和中轴里一定都得放黄油，不然的话轮子就不能顺溜地转动。所谓黄油，它的学名叫润滑脂。润滑脂是一类常用的润滑剂，它在常温下是半固体。润滑脂的主要功能是润滑，它广泛用于轻、重工业各类机械的滚动轴承中，汽车的轮毂轴承离合器、转向器以及拖拉机、飞机、火车等的相关部位都得用润滑脂。

润滑脂具有很神奇的特性。当没有外力作用、机器处于静

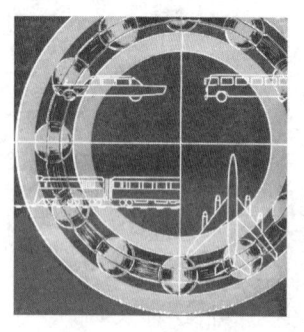

止状态时，它像固体一样，能保持原形不流动，黏附在零件的表面上不脱落。当机器受到外力而转动时，它就会像液体一样在金属表面之间流动起来，起到润滑作用，以降低摩擦、减少磨损。一旦机器停止转动，它又能迅速地重新恢复其固体的形状而不会从零件的表面流走。润滑脂的优点是很多的：它的使用寿命长，不需要经常添加，也就不需要有复杂的密封和供油系统；它的黏附性好，能长期保持在零件的表面，能在比较宽的温度范围内工作；它对低转速并承受高负荷或冲击负荷的场合，具有良好的润滑效果。当然，润滑脂的使用也有其局限性，它的冷却散热效果差，启动时摩擦力大，更换起来比较复杂，并不太适用于高转速的机器。总之，润滑油和润滑脂各有所长，相互不能代替，至于到底应该用哪种，那就必须根据机器的具体工作条件来选定。像自行车的车轴装的是滚珠轴承，那就非得用润滑脂，假如加润滑油，它就会很快流掉，这样滚珠就很容易磨损。

润滑脂是用什么做成的呢？它的原料包括三部分，一是基础油，二是稠化剂，三是添加物。所谓基础油一般是指经过精制和脱蜡并达到一定质量标准的石油馏分。对于有特殊要求的润滑脂，还需要用液态的含氧、含硅或含氟有机化合物来作为基础油。至于稠化剂则主要是脂肪酸的盐类，也叫做皂类，其作用是将基础油稠化而形成半固体的胶状物。我们常用的肥皂就是脂肪酸的钠盐，因为钠盐易溶于水，所以一般不用钠皂来作润滑脂的稠化剂，实际使用较多的是脂肪酸的钙皂，此外还有锂皂、钡皂和铝皂等。这些皂类各有其特性，有的耐高温，有的抗水，有的抗潮湿耐盐雾等等，各有其用途。有时还根据需要把几种皂类复合起来使用。所谓添加物包括添加剂和填料

两类。为了改善润滑脂的某些性能,一般还需加入具有诸如抗氧化、防锈等不同功能的添加剂。有时还会加入石墨、二硫化钼等固体作为填料,以改善润滑脂的耐压和耐高温等方面的性能。根据所用基础油、稠化剂和添加物类型的不同以及它们含量的差别,润滑脂有许多品种。

按照国际标准,润滑脂可分为000、00、0、1、2、3、4、5、6等9个级号,其区分的依据是锥入度。锥入度就是在25℃下,一个重量为150克的金属圆锥体在5秒钟内沉入润滑脂试样中的深度(以1/10毫米计)。级号越大的润滑脂,其锥入度越小,也就是相对越硬。

由此可见,润滑脂是一类成分复杂、品种繁多、性能各异的油品。润滑脂的种类和牌号那么多,应用场合那么广,要用好润滑脂,除了需要了解各种润滑脂的特性外,还必须了解应用场合的工作条件(温度、负荷、转速等)。只有使润滑脂的性能与应用场合相适应,才能收到最好的使用效果。

除了起润滑作用以外,润滑脂还可以对金属零件起防护作用,使它不至于因腐蚀而生锈,它有时还能用作密封材料。

19. 为什么有的马路在夏天会发软

俗话说"要想富,先修路",可见路的重要性。大家天天都在柏油马路上走,可不一定都知道马路上铺的是什么材料。过去人们说的所谓"柏油"多半是从煤里得到的,学名叫煤沥青。因为煤沥青中含有大量致癌物质,对于施工人员的健康危害太大,后来便全部改用从石油中提取的石油沥青了。这种铺装了沥青的路面,有时也叫做黑色路面。人类用石油沥青铺路的历史可以追溯到三四千年以前,考古工作者发现在古代的巴比伦（现伊拉克所在地）就有人用石油沥青铺路。石油沥青是石油里最重的成分，在常温下看起来是黑色的固体，有的沥青很硬，而有的就比较软，在挤压下会变形。当温度升高时沥青会变软，成为黏稠的流体。用沥青铺马路的时候，先要把它加热到能够流动，再趁热把它和沙子以及大小不同的石子混合起来搅拌均匀。然后把这种混合料摊铺到路基上，紧接着再平整压实，这样就定型为沥青混凝土路面了。

是不是不管什么样的沥青都可以拿来铺成质量很好的道路呢？不是这样的。就像汽油、柴油一样，石油沥青也有不同的品种和牌号。从用途上来分，除了有道路沥青外，还有建筑沥青、防水防潮沥青、管道防腐沥青、油漆沥青等等。单从普通的道路沥青来说，我国就有200号、180号、140号、100号和60号等5个牌号。这些数字表示的是沥青在25℃下的"针入度"。所谓针入度，就是在规定条件下，用一根负重的标准针向沥青试样插进去，在一定时间内它能插进沥青的深度（以1/10毫米计）。这样就很容易想到，当沥青越软时，它的针入度越大，而沥青越硬时，它的针入度也就越小。那么为什么道路沥青要分那么多牌号呢？这是因为道路沥青是露天使用的，必须要考虑气温的影响。我国的地缘辽阔，南北温差较大。南方常年在零度以上，最高温度接近40℃，而北方冬季的温度最低会降到-40℃。因此，在北方可以用针入度比较大的，也就是比较软的沥青铺路；而在南方就必须用针入度比较小的沥

青铺路,不然的话,在夏季的炎炎烈日下路面就会太软了,以致于路面会被车轮子压出一道道车辙,这样,道路的寿命就会大大地缩短了。

20. 把普通的沥青铺在高速公路上行不行

我国幅员广大,要发展国民经济,交通必须先行,尤其是在西部大开发的进程中,发展交通更是刻不容缓。为此,我国将在30年内建成覆盖全国的高速公路网,其中包括7条首都

7条首都放射线
① 北京—上海
② 北京—台北
③ 北京—港澳
④ 北京—昆明
⑤ 北京—拉萨
⑥ 北京—乌鲁木齐
⑦ 北京—哈尔滨

高速公路网首都放射线

放射线、9条南北纵向线和18条东西横向线，总长达8.5万千米。这样，就需要生产和使用大量的优质重交通道路沥青。

为什么高速公路上铺的沥青质量要求更高呢？这要从高速公路路面的工作条件说起。高速公路上除了小轿车外，大量的是载重汽车，有不少是装有几十吨货物的集装箱汽车，所以路面必须要能承受较重的负荷。既然作为高速公路，车子在路上行驶的速度就相当快了，一般每小时得跑100千米左右。再者，高速公路上一般车流量也是比较大的。这就要求路面上的沥青要能长期反复地承受负重车轮的碾压而不会因疲劳而变形，更不会形成一道道的车辙。同时还应考虑路面的温度，在夏季烈日的曝晒下地面温度会高达50℃以上，在北方冬季则会低至-10℃左右，甚至更低。质量不好的沥青在这样的条件下就很容易老化并进而缩裂，裂缝里一旦进水，那就会加速路面上沥青的剥落。高速公路上行驶的车辆速度很快，要求路面非常平整，假如出现不平甚至坑坑洼洼的情况其后果不堪设想。建设一条高速公路需要投入巨资，一般要求它能正常使用15～20年不大修，假如频繁需要整修，那么不但费钱，还会使交通的大动脉受阻。这就对所使用的重交通道路沥青提出更苛刻的要求，必须对其抗老化性能等制定一系列更加严格的质量指标。总之，把普通道路沥青铺在高速公路上是绝对不行的，不用多久就会分崩离析、全面崩溃。此外，车辆在高质量沥青铺就的平整的

路面上行驶，还可以节省燃料和延长车子的寿命。

现在飞机场里的跑道一般铺装的也都是沥青路面。飞机的安全起飞和降落是人命关天的大事，所以一定也要用

这种高质量的重交通道路沥青,这样才能使跑道长期保持平整,不易变形,也不出现轮辙。

生产重交通道路沥青的关键是要选择合适的原料。假如原油的性质适合,就有可能经过简单的加工得到重交通道路沥青。假如原油的性质不适合,虽然也可以设法生产,但是需要采用一系列比较复杂的加工和调和过程,那样成本就高了。我国新疆、辽河和渤海油田就有比较适合生产重交通道路沥青的原油。

为了进一步提高道路沥青的质量,延长其使用寿命,现在还采用一种改性的技术。所谓改性,就是把合成橡胶之类高分子聚合物加入到沥青中去。用改性沥青铺的路面在高温下不容易形成车辙,在低温下不容易缩裂,长期反复受压也不易因疲劳而出现裂纹。

21. 怎么能让房顶不漏水

现在新建的房子大多是平顶的,建房时在房顶也都铺上了防水材料,可是顶层的住户有时还会因为下雨漏水而烦恼,在有些地方几乎成了顽症,虽经一再修理往往还是照漏不误。究其原因,主要还是所用防水材料的质量问题,同时采用正确的施工方法也很重要。

目前建筑业常用的防水材料叫做建筑沥青,这种沥青与铺路用沥青的性能有所不同,建筑沥青比较硬,其软化温度相对要高一些。它一般是以石油经过常压和减压蒸馏得到的减压渣油为原料,用氧化的方法制得的。常温下建筑沥青是黑色的脆性固体,加热至100℃以上时它会逐渐软化,直至成为很黏稠的流体。在实际施工中,必须用沥青做成防水卷材才能使用。防水卷材俗称油毡，目前常用的是以纸为胎基制得的所谓纸胎油毡。制造时，先用比较容易软化的沥青（道路沥青）在200℃左右浸渍纸质胎基，然后再用软化温度较高的建筑沥青涂敷在油纸的表面，再撒布一些滑石粉，经冷却便成了防水卷材。

用这种防水卷材铺装在屋面上时，一般都要铺上好几层，每两层之间都需要用加热熔化的沥青加以黏接。要使屋面不漏雨，首先要用质地优良的油毡，即使在阳光的长期曝晒下其中的沥青也不易老化，那样就不易出现漏水的裂缝；同时还要使油毡之间的黏接严密牢固，不易脱离。当进行屋顶防水施工时，我们常可以看到下面浓烟滚滚，这是有人在用大火加热黏接用的沥青。沥青是很容易氧化的，加热的温度太高、时间太长，会使沥青因过度氧化而变得太脆，那样就很容易开裂了。用这样的材料去黏接油毡，用不了多久屋顶就会漏水。

屋顶长期受到阳光的照射，同时由于严冬酷暑、白天黑夜温差较大，还会热胀冷缩，防水层必须要有很好的耐老化性、耐热性和延伸性，才能有较长的使用寿命。为此，近年来在两方面进行了改进：一方面是以高分子聚合物改性的沥青来生产防水卷材；另一方面是以玻璃纤维布、尼龙布等代替纸张作为胎基。采用

了这些新技术,同时又对防水施工的方法加以改进后,便可保证屋顶在较长时间内不漏水,解决住户的心腹之患。

除了用于屋顶防水外,在建筑地基的防水以及在防止水库坝体渗水等方面,石油沥青也都是必不可少的防水材料。

22. 为什么有的蜡烛在点燃的时候会"流泪"

过去人们经常用蜡烛来照明,现在虽然不用它来照明了,但是在一些纪念和宗教的场合以及在生日蛋糕上,还是少不了点蜡烛。细心的人们一定会发现,有的蜡烛不容易流蜡,它点的时间比较长,而有的蜡烛却很容易流蜡,很快就点完了。要搞清为什么有的蜡烛会"流泪",还得从生产蜡烛的材料说起。

石油是成分十分复杂的混合物,其中最主要的成分是分子大小不同及结构各异的碳氢化合物。从熔点来看,石油中有在常温下是液体的成分,也有在常温下是固体的成分。石油中所含的各类碳氢化合物以直链烷烃的熔点最高,分子中含 16 个碳的直链烷烃(正十六烷)的熔点是 18.2℃,在常温下它已是固体。而分子中的碳原子数大于 16 的直链烷烃和带有长链的其他烃类的熔点就更高了,在常温下都呈固态。通常把石油中在常温下呈固态的成分叫做石油蜡,其中以直链分子结构为主的蜡则称为石蜡。

石蜡是从石油馏分中用溶剂脱蜡的方法制得的。所谓溶剂脱蜡，就是先把石油馏分溶解在以丁酮和甲苯组成的溶剂中，然后用冷冻机把温度降低到一定程度，使蜡结晶出来，最后再用过滤机将蜡分离。这样得到的蜡还会含有一些油分，必须经过脱油才能得到符合一定要求的石蜡。

石蜡的主要质量指标是它的熔点，影响石蜡熔点的主要因素是所用原料馏分的轻重以及其中含油的多少，原料越重、含油越少，蜡的熔点就越高。我国的石油产品质量标准中规定石蜡有52、54、56、58、60、62、64、66、68、70号等10个牌号，这些数字表示的是石蜡的熔点。至此，前面提到的为什么有的蜡烛在点燃时容易"流泪"的问题也就迎刃而解了。这是因为制造蜡烛所用石蜡的熔点太低了，那样不仅在点燃时容易流蜡，并且还容易软化弯曲。

石蜡还可用于食品和制药工业中，作为食品、糖果的包装纸的涂层和中药丸的蜡壳，还可用来制作胶姆糖以及某些化妆品。这些用途都关系人身的安全，绝不能有毒。可是，粗石蜡里都含有少量的芳香烃，它对人体是有害的，其中具有多个

芳香环的稠环芳香烃更是属于致癌物质。所以，对于食品和制药工业中用的石蜡，必须采取严格的精制方法以彻底除去其中的芳香烃，同时还应对砷及重金属等有毒物质的含量作严格的监控。

23．什么是凡士林

凡士林这个名词可能有不少人没听说过，可是绝大多数人都用过由它所制成的商品。在医药上，它是配制各种药用软膏以及清凉油等的原料；在化妆上，它又是发蜡、香脂、润肤脂、防晒防裂膏等的重要成分。

凡士林的学名叫石油脂，它的主要原料是从原油经过常压和减压蒸馏后留下的渣油中脱出的蜡膏，同时还需按照要求掺和不同量的高、中黏度润滑油。从石油渣油中脱出来的黄色蜡膏中含有诸多杂质，而无论是药用或是化妆用，都不容许含有任何对人体有害的物质，也不能有异味，所以还必须要加以深度的精制，充分脱除各种杂质后才能使用。按其使用要求的不同，可分为普通凡士林、医药凡士林、化妆用凡士林、工业凡士林和电容器凡士林等。

由此可见，凡士林是蜡和油的混合物，但需要指出的是其中所含的蜡主要是微晶蜡。大家对于石蜡比较熟悉，而对微晶蜡这个名词则比较生疏。微晶蜡和石蜡一样都是从石油里提炼出来的，其区别在于石蜡来自石油蒸馏出来的馏分，而微晶蜡则是从石油蒸馏后留下的渣油中分离出来的。微晶蜡原先叫地蜡，这是因为半个多世纪前人们曾经开采过天然的地蜡矿，但是很遗憾这种资源现在已经枯竭了。

其所以叫做微晶蜡，是因为在显微镜下可以明显地看出它的结晶比石蜡的结晶要小得多。石蜡的结晶形态一般是尺寸较大的薄片，而微晶蜡则一般是由较细小的针状或粒状结晶构成。这样便使得它们的性质有明显的差别，石蜡是脆性的，受力后很容易断裂甚至粉碎；而微晶蜡的硬度小，柔韧性很好，受力后容易变形，不易碎裂。都叫蜡，它们的结晶形态和性质为什么有这么大差别呢？说到底，这是因为它们的化学组成和结构不一样所致。石蜡中所含的成分主要是具有较长的、没有支链

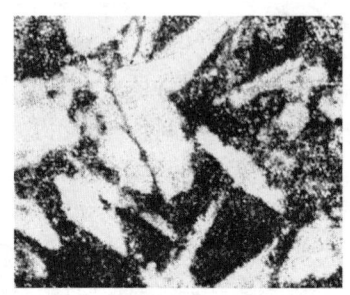

石蜡晶体显微照片

微晶蜡晶体显微照片

的烷烃，而微晶蜡的主要成分则是分子量较大的、带有较长碳链的环烷烃和芳香烃。

微晶蜡的牌号是按照其滴熔点的高低来划分的，滴熔点是该蜡样在规定的条件下能熔化滴落的最低温度。其一级品共有70号、75号、80号、65号和90号等5个牌号，可根据温度等使用条件来选用。

微晶蜡还可以作为石蜡的改质剂。向石蜡里添加微晶蜡后，可以提高石蜡的塑性，从而使它更适合于制作防水防潮的纸张等材料。而凡士林除了用于医药和化妆品外，还可以用于温度不高、负荷较小的机械中，以减少摩擦，并可作为电容器中的绝缘材料。

24. 石油也能炼焦吗

一提起冶金工业用的焦炭往往会联想到煤，以为焦炭都是

用煤炼出来的。其实不然，用石油也能炼出焦炭，这种称为石油焦的产品在炼钢工业和炼铝工业中都大有用武之地。

石油怎么会变成焦炭了呢？这还得从石油的成分说起。石油是非常复杂的混合物，其中有的很轻，有的很重，最重的部分叫渣油。当石油渣油受热时它会两极分化，一方面分解为气体和轻质的产物，另一方面又缩合生成焦炭。这种称为焦炭化的过程在大约500℃高温下进行。要把渣油加热到这么高的温度当然得经过加热炉。可是，假如渣油在炉管里面就结上了焦，那么炉管很快就堵死了，根本没法运转。为此，人们便想出了一个妙计，就是设法大大提高渣油在炉管中的流动速度，使它来不及结焦就从炉管流出去了，而把焦结在炉管后面的一个叫焦炭塔的设备里。这种把生成焦炭的过程延迟到加热炉后面去进行的过程，称之为延迟焦化，这是目前国内外生产石油焦的主要手段。至于每吨渣油能产多少焦炭则取决于原料的性质和生产的条件，其产率大体在15%～30%之间。

石油焦是黑色或暗灰色、带有光泽的固体，它是多孔性的无定形碳素材料。衡量石油焦质量的主要依据是其中的硫含量，因为硫对后续的、以石油焦为原料的过程有不良影响，一级品的石油焦要求含硫量不大于0.5%。石油焦不经加工就可以用来生产电石，若要制作炼钢和炼铝的电极，那就需要先行在1300℃左右进行煅烧，以除去其中的可挥发成分，并使它在结构上更加趋近于石墨。

尚需指出，用一般的石油焦为原料仅能制作出电炉炼钢工业中的普通功率石墨电极，若要制作高功率和超高功率的石墨电极，则必须用优质的石油焦为原料。

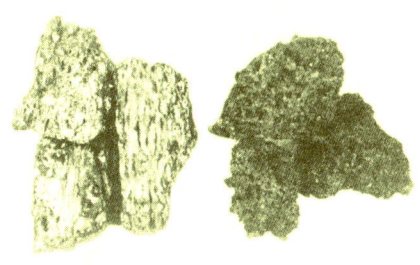
石油焦

这种优质石油焦外观为多孔银灰色固体，它具有纤维状或针状的纹理走向，所以又称为针状焦。生产针状焦时，对于焦化的原料和操作条件都有特殊的严格要求，用一般的石油渣油是生产不出针状焦的。由于针状焦的热性能、电性能及物理性能优越，用它制作的石墨电极具有低热膨胀系数、低电阻、高结晶度、高纯度及高密度等优点。在电炉炼钢中采用这样优质的电极，便可扩大其处理能力，提高其冶炼效率，并可节约电能和原材料的消耗。

此外，还有一种类似针状焦的特种石油焦，它是生产核电站中核反应堆用石墨套管的原料，可以设想此类产品必须确保绝对安全，所以对其质量的要求当然更加严格。

25．什么是燃料油

一般人把能够作燃料的油品包括轻质的和重质的都叫做燃料油，这样有些过于笼统，不易区别。在炼油行业内所谓的燃料油，是指一类专门用作各种类型工业燃烧设备（包括锅炉等）燃料的油品，它并不包括汽油和轻柴油。燃料油有好多品种，有的黏度较小，有的相当黏稠，但是就其多数而言，基本属于比较黏稠的重质燃料。生产此类重质燃料油的主要原料是原油经过常压和减压蒸馏后留下的渣油。

虽然只是用作燃料烧掉，但是燃料油仍然要求符合一定的质量标准。其中很重要的一项就是黏度，燃料油的牌号就是按其黏度来划分的。在燃烧设备中，燃料油都是在压力下通过喷嘴喷入炉膛的。假如燃料油的黏度太小，它喷射的距离就会太近，容易引起局部过热；假如黏度太大，就会使喷出的燃料油滴太大，很难燃烧完全，容易生成黑烟。为了使燃料油能达到

在黏度方面的要求，往往采取调和的方法，就是把较轻的类似柴油那样的油料掺入渣油中，以使其黏度降低到质量标准的规定值。但是在采用调和法时需要注意燃料油的安定性，如果掺入轻质油料太多，或者渣油与掺入油料两者之间在性质上不匹配，都有可能使燃料油不能成为浑然一体，从而分离出十分黏稠的沉淀物，这样就无法正常使用了。有时，还会采用减黏裂化的方法，使渣油在420℃左右发生轻度的热分解，将其黏度降低到所要求的数值。但是减黏裂化的反应深度必须适当，反应太深也会使燃料油的安定性下降，出现分层现象。

除了黏度之外，有的牌号的燃料油对含硫量也有限制。这是因为经过燃烧后，硫全部转化为二氧化硫和三氧化硫，它们会严重污染环境，危害人体健康。

由于我国的石油资源相对匮乏，每年还需大量进口原油，所以对有限的石油资源要倍加珍惜，尽量不要随便去当一般燃料烧掉。同时，我国煤的产量已跃居世界之首，天然气资源也很丰富，因而凡是可以用煤或天然气作为燃料的场合，尽可能地用煤或天然气，这样便可将压缩下来的燃料油加工为轻质油品，以满足人们的需求。

但是，对于舰船而言，用煤是不可能的，其燃料就非燃料油莫属。所以另有一类石油产品叫船用燃料油，它一方面是作为船上锅炉的燃料，另一方面也是大马力的中、低速船舶柴油机的经济而理想的燃料。对船用燃料油的质量要求比一般燃料油的要更高一些。

一、油品篇

26. 多用天然气，保护环境很有利

人们越来越意识到环境对生存的重要性，生存环境的好坏对身体健康太重要了，我们需要的是清新的空气和干净的水。如不采取有力的措施，随着经济的发展，我们的生存环境将被污染得越来越严重，变得越来越坏。大力推广使用天然气，是保持清洁环境的重要措施之一。

我国是一个富产煤炭的国家，2001年，煤炭在我国能源总量中约占70%。但是，从环保的角度来看，煤炭又是一种污染最严重的能源。为什么这么说呢？我们可以从以下几组数字的对比中看。烧煤所排放的颗粒物（重量）是燃烧油的6倍，是燃烧天然气的近10倍；烧煤所排放的硫氧化合物是燃烧油的2.6倍，是燃烧天然气的11000多倍，这造成了我国大气污染严重且呈煤烟型污染的特征，有的地区还频繁地出现了酸雨现象。因此，提高能源质量，防止不良的环境影响，对城市的

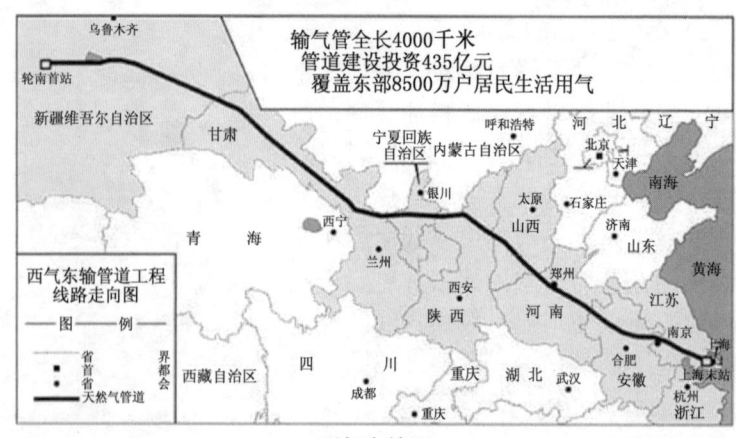

西气东输图

可持续发展是非常重要的。在发展经济选择能源时，应尽可能采用像天然气那样的洁净能源。

我国天然气资源比较丰富，开发潜力大。目前，国家已把天然气资源勘探放在突出位置，正在采取措施加快天然气的开发利用，较大幅度地提高天然气在一次能源消费结构中的比例。我国天然气在一次能源消费结构中的比例2000年为2.8%，2005年提高到5%，2010年预期将达到8%。西气东输宏伟工程，将已探明储量高达17500亿立方米的塔里木盆地和鄂尔多斯盆地的天然气，从新疆起，途经甘肃、宁夏、陕西、山西、河南、安徽、江苏，历程4000千米，用管道一直送到上海。这样便可使沿途9省市的工厂和居民有可能用天然气来代替煤作为燃料，大大减轻大气污染，造福黎民百姓。

以北京市为例，目前天然气年使用量已超过10亿立方米，是全国最大的以天然气为主要燃料的城市。从环保的角度考虑，北京市计划在2008年奥运会举办前，引进50亿立方米天然气，取代市区全部民用燃煤和大部分工业用煤，以减少煤烟型污染，确保达到申奥报告中对环境质量的承诺。

27. 用天然气或液化气可以开汽车吗

上年纪的人一定还记得，20世纪50年代，因为汽油短缺，在北京等城市的马路上一度曾经行驶过顶着很大的气袋的公共汽车。直到1960年大庆油田开发后，才扭转了这种汽油严重短缺的局面。可是近年来，在北京、深圳等大城市，有很多的公共汽车、小轿车又改用压缩天然气（其英语缩略语为CNG，即 Compressed Natural Gas)、液化天然气（其英语缩略语为 LNG，即 Liquefied Natural Gas）或液化石油气（其英语缩略语为 LPG，即 Liquefied Petroleum Gas）为燃料，这是为什么呢？主要原因已不是因为汽油短缺，而是为了改善城市的环境。

我们知道，随着经济的发展，城市的人口不断增加，作为城市主要交通工具的汽车也增加得很快，汽车排放的尾气所造成的污染也大大加剧了。经测试，在各种大气污染物中，44%～75% 的一氧化碳和碳氢化合物来源于汽车的尾气。为了治理城市的大气污染问题，特别是汽车造成的污染，我国从 2000 年起，全面展开"空气净化工程——清洁汽车行动"，其中就包括了使用以天然气或液化气为燃料的公共汽车和小轿车。使用天然气或液化气的汽车，最主要的优点是尾气排放的污染物大大降低。与使用汽油的汽车相比，其尾气排放的一氧化碳降低 60%，燃烧不完全的烃类降低 90%。北京市计划到 2008 年，90% 的公交车辆和全部的出租、环卫、邮政用车都将使用此类清洁燃料。

用天然气或液化气为燃料的汽车发动机工作平稳，噪声低，机件磨损少，可延长其使用寿命。另外，使用天然气或液化气也更加经济，从降低汽车运行成本的角度看，也应积极开发同时使用汽油和天然气（或液化气）的双能源的汽车。

由于天然气和液化气的燃烧性能与汽油不完全一样，因而使用天然气或液化气为燃料的发动机在结构上与一般的汽油发动机有些区别，所以，目前已有专用的天然气（或液化气）发动机。对于现有的公共汽车和电喷型汽车，经过简单的改

装，就可以同时使用汽油和天然气（或液化气）了。

天然气的主要成分是甲烷，在常温下是不可能变成液体的。当用天然气来作为汽车燃料时，假如天然气是常温常压的话，那么汽车又得像建国初期那样顶起一个个体积很大的气袋，这显然贻笑大方。要想使汽车带足所需的燃料，就需要在常温下将天然气压缩到能耐200大气压（20兆帕）以上的钢瓶里去保存起来，让汽车带着压缩天然气储罐到处驰骋。若在常压下把天然气冷冻到零下-162℃，它就会变成液体，这样便可装入能耐20大气压（2兆帕）的绝热保温液化天然气储罐，同样可以方便地使用。与传统的汽车加油站相似，使用天然气的汽车也需要专门的加气站，或采用更换储罐的方法。而液化石油气的主要成分是丙烷，在常温下只要把压力提高到15个大气压（1.5兆帕）左右，它就能变成液体装在耐压的储罐里。

28. 天然气是个宝，发展化工离不了

天然气的主要成分是甲烷，同时还有少量的乙烷和丙烷，有的还含有硫化氢和二氧化碳等成分。有些天然气气田还伴生一些轻的凝析油。在气井现场，从地下采出的天然气经脱水、脱砂与分离凝析油后，根据气体组成情况，进一步净化、分离。净化分离后的天然气可输送到城市，作民用燃料或车用燃料使用，还可送到工厂，作为重要的化工原料。

天然气是多种化工产品的主要原料，其中最重要的用途是合成氨、尿素、甲醇、甲醛和乙烯。

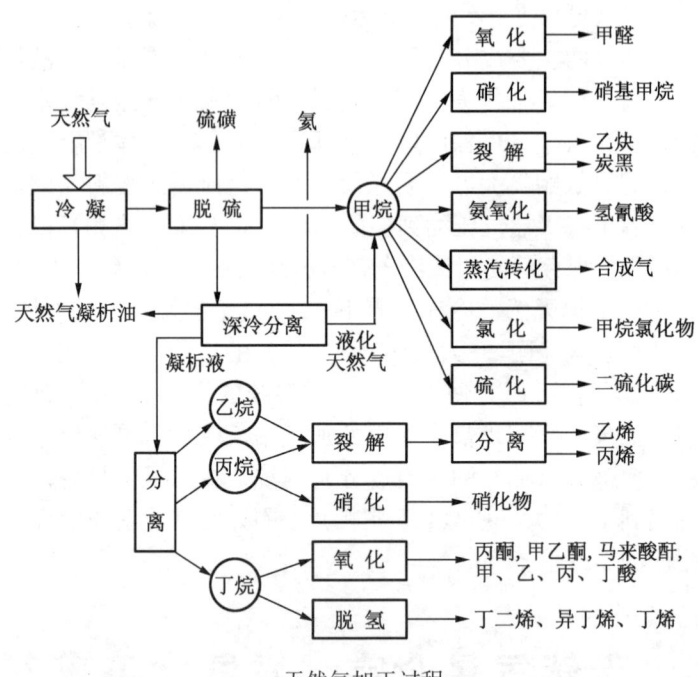

天然气加工过程

农业是国民经济的重要支柱,发展农业离不开化肥。化肥中以氮肥为主,尿素是一种主要的氮肥。合成氨是生产氮肥及尿素的主要原料。在世界合成氨产量中,80%以上是以天然气为原料的。世界上合成氨厂建设的重点,现在都已转向了天然气资源丰富的地区。

世界甲醇生产中70%以上也是以天然气为原料。甲醇为世界大宗有机化工产品之一,可用它制取甲醛和醋酸等。甲醇本身还可用作汽车燃料,它不仅燃烧性能良好,而且排放的污染物少。

天然气中的乙烷和丙烷经高温裂解可生产乙烯,乙烯是用途最广的有机化工基础原料。乙烯聚合后可得到聚乙烯树脂,它的用途很多,主要用来制造薄膜、容器、管道、单丝、电线、

电缆、日用品等。以乙烯为原料可以生产氯乙烯，聚氯乙烯也是用途非常广泛的树脂。此外，从乙烯还能制成乙醇、乙二醇、醋酸等等。以天然气为原料生产的乙烯约占世界乙烯总产量的1/3，其乙烯产率比用石脑油等轻质石油馏分为原料时约高一倍。随着天然气产量的增加和乙烷、丙烷回收率的提高，天然气在乙烯生产原料中所占比例正在逐步增加。

29．使用液化气，千万别大意

平时家里用来煮饭烧菜的液化石油气是什么东西呢？它是在石油加工过程中产生的气体产物，主要成分是分子中含有3个碳的丙烷。以甲烷为主要成分的天然气，在常温下压力再高也不能变成液体，必须降到极低的温度才有可能使它液化。而液化气则不然，在常温下只要把压力提高到15个大气压(1.5兆帕)左右就可以把它们变成液体，这样就会使其体积大大缩小，可以盛放在耐压的液化气罐里便于搬运和使用了。在罐里，其上半部是气体，下面则是液体。

液化气易燃、易爆，所以要特别小心，必须通过减压阀才能使用。当液化气罐内的压力还比较高时，不能把减压阀开得太大。不用时，即使液化气罐内的压力已很低，也一定要把减压阀和气罐的阀都关紧，以防泄漏。假如液化气逐渐泄漏出来，使周围空气中可燃气的浓度达到一定范围，一颗小小的火星就会引发爆炸，危及生命。再者，经过精制的液化气本身虽然是无毒的，但吸入人体仍然有害，在空气中的浓度很高时还会使人窒息。在使用液化气时，万一发生火灾，必须马上把液化气罐的阀关紧，以切断火源。

在使用过程中，液态的液化气会慢慢气化，罐里的液体也就越来越少。用到一定程度时，就会发现打开减压阀后点不着火了，也就是平常所谓液化气用完了。实际上，这时罐里还剩有液体，只是这些液体在室温下已经不容易气化了。有人误以为，既然这些剩在罐里的液体是废物，干脆把它倒入下水道算了。哪里知道这是非常危险，要闯大祸的。因为这些剩在液化气罐里的液体仍然是很容易燃烧的，一旦进入下水道，它们便会很快气化，直至充满整个下水道系统。这时，只要有一个小火苗，就会导致整个系统轰然爆炸，而且火焰会顺着下水道窜向各处。这就不仅使用户受害，而且还会殃及左邻右舍，后果不堪设想，这方面已经有许多血的教训。所以，为了你的家人和四邻的安全，用剩的液化气残液千万不能倒入下水道。

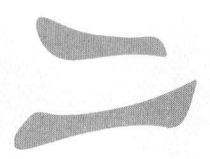

石油加工篇

1. 石油是怎样加工的

从地下开采出来的石油，如不进行加工，那就只能当成像煤一样的燃料去烧掉，这就实在太可惜了。所以，100多年来，人们在不断的实践、探索和创新中，开发出了一系列加工石油的方法。

在19世纪中叶，人们就开始用蒸馏的方法来处理原油，但是当时只是为了取得一些煤油来点灯照明，剩下的部分却当废物扔掉了。蒸馏是最基本的物理加工方法，至今仍是石油加工过程的龙头。它是按照石油中所含成分的沸点高低来进行分离的，经过分离得到的各个产物，便可依据其各自的特性来合理利用。此外，还有用适当的溶剂来处理石油的另一类物理加工方法，这些在生产润滑油产品时是常用的，其中包括溶剂精制、溶剂脱蜡和溶剂脱沥青等过程。

从历史发展的角度来看，石油加工工业与汽车工业像是比翼齐飞的亲密伴侣。汽车工业的发展不断对石油产品的数量和质量提出更多、更高的要求，这促使石油加工工业迅速发展和不断创新。就拿汽油来说，光从原油中用蒸馏的方法得到的汽油，不仅在数量上满足不了汽车工业发展的需要，在质量上也越来越无法符合要求。因而，石油的化学加工便应运而生，这就是说要改变石油的分子结构，把其中较大的分子变成较小的分子，这样便可增加汽油的产率。最早的化学加工方法是20世纪初在美国投入生产的石油热裂化，它利用石油中较大分子在较高的温度下会分解为较小分子的这种性质，生产出热裂化汽油。这类热裂化汽油比直接用蒸馏得到的汽油，不仅数量更多，而且质量更好。但是，时不多久，汽车发动机又提出了新的、更高的要求,这连热裂化汽油也无法满足了。接着,一类具有极强生命力的、采用催化剂的新加工方法异军突起,并且逐渐成为石油加工舞台上的主角。20世纪30年代法国人胡得利发明了催化裂化,很快在美国实现了工业化。由于催化裂化汽油的质量远优于热裂化汽油,催化裂化就逐渐取代热裂化成为生产汽油的主要手段。此外,诸如加氢裂化、加氢精制、铂

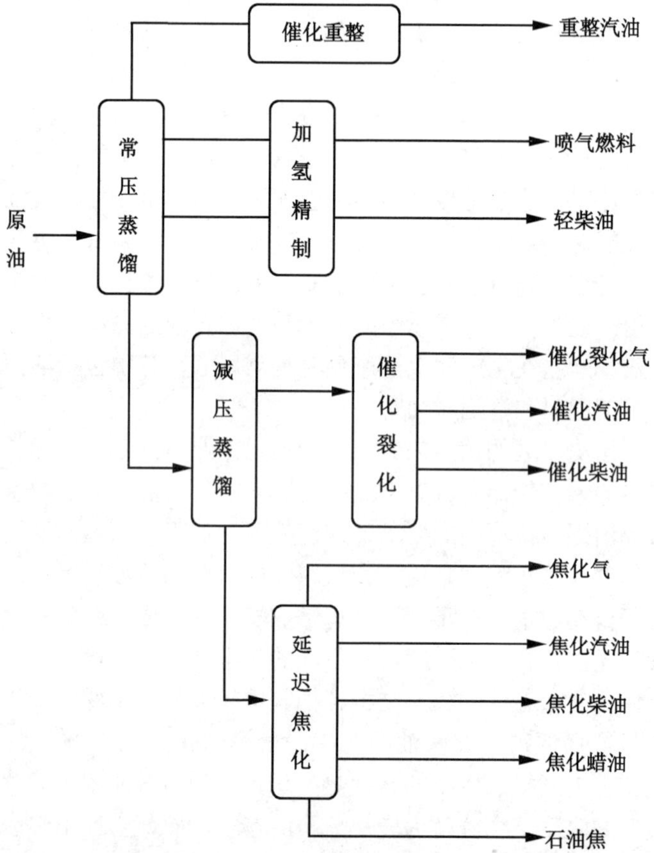

石油加工典型流程

重整以及烷基化等催化过程也都成了石油加工舞台上的璀璨群星。当今，石油加工新科技的发展可以说都离不开催化剂，新型催化剂的诞生往往伴随着产品质量的提升、能耗的降低、效率的提高以及污染的减少等等。

与此同时，高效石油加工设备的出现，使炼油装置的大型化成为现实；现代信息和控制技术的运用，使炼油装置的自动化水平突飞猛进。可以说，在工业现代化的进程中，炼油业已以它雄健的步伐走在了前列。

2．加工原油的龙头——蒸馏

原油的成分实在太复杂了，至今还说不清楚里面到底有多少种化合物。其中所含成分的分子量范围是很宽的，较小分子的分子量是几十，而较大分子的分子量会达到几千。大家都知道，一种单纯的化合物在一定压力下的沸点是一个定值，譬如纯净的水在1个大气压（0.1兆帕）下的沸点是100℃。而原油既然是混合物，它的沸点显然就不可能只是某一个定值，而是一个很宽的范围，从室温起一直到800℃以上。对于石油这样宝贵的、不可再生的自然资源，假如一古脑儿把它放在锅炉里当作一般燃料烧掉，那就太可惜了。在100多年以前俄国的化学家门捷列夫就尖锐地指出烧石油就等于烧钞票。所以，只有按照沸点把它们分类排队，才能充分和合理地发挥其中各个部分的特长，这方面最简单的方法是蒸馏。当把原油加热使它的温度逐渐升高时，原油中所含的成分就会按着它的沸点由低到高，也就是基本上按着分子的大小从小到大排着队逐渐变成气体。随后再把它们冷凝成液体从蒸馏塔里流出来，这样人们便可以按照沸点的高低把原油分成若干部分，得到一系列具有不同沸点范围的产物。因为这些产物大多还不能符合对石油成品油所规定的要求，所以只能叫做"馏分"。

常减压蒸馏装置

一般把原油中在常压下蒸馏出来的、沸点在200℃（或180℃）以下的最轻的馏分，叫做汽油馏分，而当把它用作石油化工原料时便叫做轻油或者石脑油；随后是沸点低于350℃的煤油馏分和柴油馏分；而沸点高于350℃的部分就叫做常压渣油或常压重油。原油里有些成分不太稳定，它们从350℃就会开始分解，所以原油在常压下蒸馏的温度大体上不能超过350℃，温度太高就会产生像锅巴一样的焦炭。那么对于沸点高于350℃的部分怎么办呢？可以采取降低压力的办法。就像到了西藏高原那样，大气的压力比较低，水的沸点也会降低，不到100℃水就沸腾了。在炼油厂的减压蒸馏塔里的压力往往只有大气压力的几十分之一，在这样低的压力下，石油里的各种成分的沸点就会显著降低，这样便又可以在基本不分解的情况下，再蒸馏出一些在常压下无法蒸馏出来的馏分。这些在低于大气压力下蒸馏得到的产物就叫做减压馏分，或者叫减压瓦斯油，而剩下的残渣便称它为减压渣油。

经过蒸馏把原油分割成汽油馏分、煤油馏分、柴油馏分、减压馏分和减压渣油之后，炼油工作者就可以进一步采取各种各样的后续加工手段，把它们变成五花八门各种牌号的汽油、柴油和润滑油等成品油，以满足广大用户的不同需要。

3. 加工原油的四大件法宝

古人云"工欲善其事,必先利其器",这真是颠扑不破的真理。加工任何东西都需要有得心应手的工具。加工金属要用车、钳、铆、焊各种手段,加工木材就少不了锯子和刨子等等。那么加工石油需要什么工具呢?这主要就是炼油的所谓四大件法宝:加热炉、蒸馏塔、机泵和反应器。

石油加工的大多数过程都是在高温下进行的,有时竟然会高达500℃。要把常温下的原料升到那么高的温度,那就非得用炉子加热不可,所以一进炼油厂就会看到许多炉子的烟囱。这些炉子里布满了垂直的或水平的、能耐高温的合金钢管,管子里流的是各种油料。在炉子的底部或者侧面装有一些火嘴,火嘴里会喷出温度高达上千摄氏度的熊熊烈火,来加热在管子里流动着的油料。炼油厂加热炉所用的燃料是炼厂的副产气体和燃料油,充分利用燃料的热能是降低炼油成本的重要途径之一。所以,要设法使燃料能燃烧完全,同时尽量回收包括燃烧产生的高温废气中的热量,千方百计地提高热能的利用率。

石油和石油产品都是复杂的混合物,为了能合理利用原油并使产品达到一定的质量标准,常常需要把油料按照其沸点的高低进行分离,这就需要一种称为蒸馏塔的设备。这种设备像宝塔一样高耸入云,有的竟高达几十米。其直径大小不一,从不到1米的"细高个"到直径为10米左右的"大胖子"。这些塔的里面并不是空的,有的塔里装满了形状各异的填料,有的塔则像宝塔一样分了许多层,每一层上还装有一排排形式不同的构件。在操作时液体从上面向下流,蒸气从下面往上升。通过两者之间的反复接触、不断整合,塔上部出来的是较轻的成分,而塔下部流出的则是较重的成分。

凡是去过炼油厂的人一定对厂区里密密麻麻像蜘蛛网一样的管线叹为观止。这些管子里按一定方向流动着的各种各样的油料和气体,是炼油厂的"血管"。当然这些液体和气体绝不会自发地运动,必须有外加的力量来使劲,这就涉及炼油厂的另一类设备——机泵。所谓"机"主要是指压缩机,用它能使常压下的气体提高压力。对于"泵"一般并不生疏,在炼油厂里用得最多的不是水泵而是油泵,其中有的还是热油泵,所泵送的油料温度甚至高达400℃以上。为了防止渗漏,这些油

炼油厂全景

泵尤其是热油泵都是由优质材料做成,因而绝不能用水泵来代替油泵,不然会出大事故的。

原油的一些成分有时要经过化学加工后才能更好地应用。要进行化学反应就需要一类叫做反应器的设备,这里面大都装有五花八门具有各种功能的催化剂,借助这些催化剂可以使原料油按着人们的要求转化成多种多样所需要的产品。这些化学

反应往往都是在高温和高压下进行的，所以反应器一般都是用特殊的合金钢制成的高压容器。这些容器的制造不能等闲视之，它们必须由具有相当资质的单位来制造，不然就无法确保操作人员的人身安全。

此外，在炼油厂里除了加热炉、蒸馏塔、机泵和反应器外，还有许多诸如换热器、冷凝器等其他辅助设备，它们也都是必不可少的。

4. 神奇的催化剂

说起催化剂，人们似乎有些生疏。其实，几千年来人们用来发面或酿酒的酵母就是一类叫做酶的生物催化剂。大家都知道，化肥的主要成分——氨是由氢原子和氮原子所组成。当把氢气和氮气混合在一起时，不管用多高的温度、多大的压力，即使经历很长很长的时间，它们也不会变出多少氨来。但是，一旦在一定条件下与一种以铁为主要成分的催化剂接触后，它们很快就会合成氨了。这类能使反应速度成千上万倍地改变，而本身并不消耗的物质，就叫做催化剂。日语中把这类物质形象地称为"触媒"，它就好像是在各种反应原料之间充当"媒人"，经过它的撮合，就有可能使反应大大加快。当然，这里有一个前提，就是这些反应原料之间本质上存在着发生反应的可能，也就是说本来就"有缘"。假如

催化剂

这些物质风马牛不相及，根本不存在结合的可能，那么再大本事的"媒人"（催化剂）也是无能为力的。可以毫不夸张地说，几乎所有的石油炼制与化工过程都离不开催化剂，石油炼制与化工技术的进展几乎都是得益于新型的、更高效的催化剂的问世。

　　石油炼制与化工生产过程中所用催化剂的种类繁多，它们大多为固态，也有的是液态或气态。它们的共同要求是具有较高的活性、较好的选择性和较持久的稳定性。作为催化剂首先必须要有较高的活性，也就是说要能最大限度地提高所需要的反应的速度，希望能在几分钟内，甚至几秒钟内完成反应。对于同样的反应原料，它们之间可能发生若干种不同的反应，而人们往往只要求加速其中某几种反应，对其他所谓副反应则不希望加速，这就是要求催化剂具有较高的选择性，以取得尽可能多的目的产物。再者，催化剂耗费是产品成本中很重要的一项，有些以铂、钯等贵金属为原料的催化剂则更加昂贵，所以就要求催化剂的性能稳定，寿命尽可能的长一些，那样不仅可以降低成本，还可避免因频繁更换催化剂而浪费时间。

　　催化剂的种类很多，主要包括金属催化剂、金属氧化物催化剂、金属硫化物催化剂、固体酸催化剂、金属有机化合物催化剂等等。在石油炼制与化工生产过程中所用的催化剂的成分往往并不是单一的，而是由载体、活性成分和助催化剂等所组成，其中任何一种成分的性质及其含量都会对催化剂的性能产生影响。所以，催化剂的研制是一项技术性很强的工作，每一步都得非常精心地操作，各种条件上任何微小的变动都有可能会显著改变催化剂的性能。在这方面每年都有大量获得专利保护的技术成果，可以说是石油炼制与化工方面技术创新最为活跃的领域。

5. 分子可以过筛吗

当需要把大小不同的固体颗粒分开时,人们马上就会想到筛子。那么,是不是有一种筛子,可以把大小不同的分子分开呢?答案是肯定的。人们现在已经找到一类叫做分子筛的物质,它们可以将混合物中的分子按其大小加以筛分。

分子筛又称沸石,它在自然界里就存在,但目前在工业上用的大多是人工合成的。在外观上,分子筛是粉末状的固体,有金属光泽,天然沸石有颜色,合成沸石都是白色的。在化学结构上,分子筛是一种结晶型的铝硅酸盐,其晶体结构中具有许多空穴,空穴之间有孔道(又称窗口)相连,凡直径比孔径小的"瘦"分子可以通过窗口进入空穴,而直径大于孔径的"胖"分子就只能被挡在窗口外面"望筛兴叹"。

虽然分子筛主要是由氧化硅、氧化铝所组成,但是随着其中所含氧化硅与氧化铝比例的变化,它们可以构架组建成数目众多的、具有不同结构和性能的分子筛,它们的孔道形状和大小可以有很大差别。例如,A 型分子筛的孔径为 0.4 纳米左右,X 型分子筛的孔径则要大一倍,约为 0.8～0.9 纳米。此外还有诸如 Y 型分子筛、ZSM—5 型分子筛等等许多类型。

分子筛是个多孔性的物质,其中密布着大大小小的空穴,假如把这些孔都展开,它的表面积非常之大。1 克分子筛只有一片较大的药片这么大,可是它里面的孔表面积竟能达到 300～1000 平方米,比一般的一户家居面积还要大得多。分子筛里的空穴也叫笼子,笼子有大有小,X 型和 Y 型分子筛结构中都有一种超级笼子,这里面可以装下 5 个苯分子,其容量可真不小。

上面说的是分子筛对分子的大小和形状的选择性,就是说,分子要能通过分子筛的孔道,其直径必须小于分子筛的孔径。但是,假如有几种分子都可以通过孔道,那就涉及另一方面的选择性。这里有个"竞争上岗"的问题,凡是与分子筛亲和力强的分子就会在竞争中占优势,它们更容易吸附于分子筛中,留在空穴内,而其他的分子只能退避三舍。利用分子筛对一些杂质和水的亲和力较强的性质,人们可以除去氢气中的杂质而大大提高它的纯度,也可以用来降低空气中的湿度。

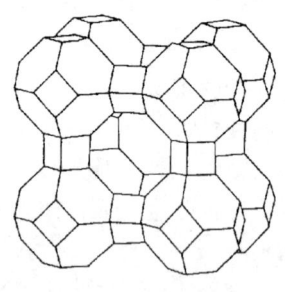
A 型分子筛结构图

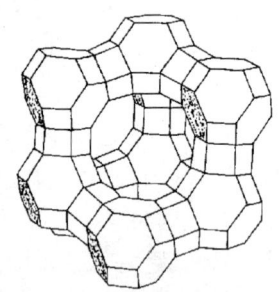
X 型及 Y 型分子筛结构图

分子筛不仅可以用作吸附剂来对某些物质进行分离,同时还是一类性能超常、用途广泛的催化材料。分子筛的结构中带有酸性,可以作为固体酸类的催化剂,它具有很高的活性、选择性和稳定性。由于它能大大加速石油中各类分子的裂化等反应,以 Y 型分子筛为催化剂的催化裂化已是当前我国生产汽油的主要过程。分子筛还可以用作各种催化剂的载体,如石油加氢裂化的催化剂就是把镍、钼、钨等金属载在分子筛上而制成的。

目前,国内外对于分子筛的研究方兴未艾,新型的分子筛层出不穷,它们各有其"过人"的本领,其前景十分广阔。

6. 怎么从重油里变出汽油来

目前，在石油产品中，作为汽车燃料的汽油和柴油的数量要占到一多半，而一般原油中含有的汽油、柴油这样的轻质馏分只有1/4左右，光是从数量上看就有很大差距，同时在质量上也达不到要求。

因而，人们便想方设法要把约占原油3/4的较重成分变成轻质燃料，以满足交通事业发展的需要。根据原油在350℃起就开始分解这个特点，20世纪初就有人开发了石油热裂化生产汽油的方法，并大规模工业化，基本满足了当时的需要。但是到了20世纪40年代，汽车数量激增，汽油机的工作条件越来越苛刻，热裂化汽油无论在数量上还是质量上都已经不能满足需要，此时一种称为催化裂化的新生产工艺便应运而生。自那时起，催化裂化迅速发展，逐渐成为生产汽油的主角，而热裂化则逐渐退出历史舞台，现在已几乎绝迹。

所谓催化裂化就是指在催化剂存在下进行裂化反应，与单纯的热裂化相比，它可以在较低的温度下、较短的时间内完成反应，大大提高了生产的效率和汽油的质量。其反应温度大体在500℃左右，反应时间只有几秒钟。催化裂化的原料比较广泛，最初主要用沸点范围为350～500℃的中间馏分为原料，现在大量采用重质原料（全部或部分掺入常压渣油或减压渣油），就是所谓重油催化裂化。催化裂化所用的催化剂现有许多品牌，但在本质上它们都是硅和铝的化合物，现在普遍采用的是一类称为Y型分子筛的固体酸催化材料，以分子筛为主要成分的裂化催化剂具有很高的催化活性、选择性及稳定性。

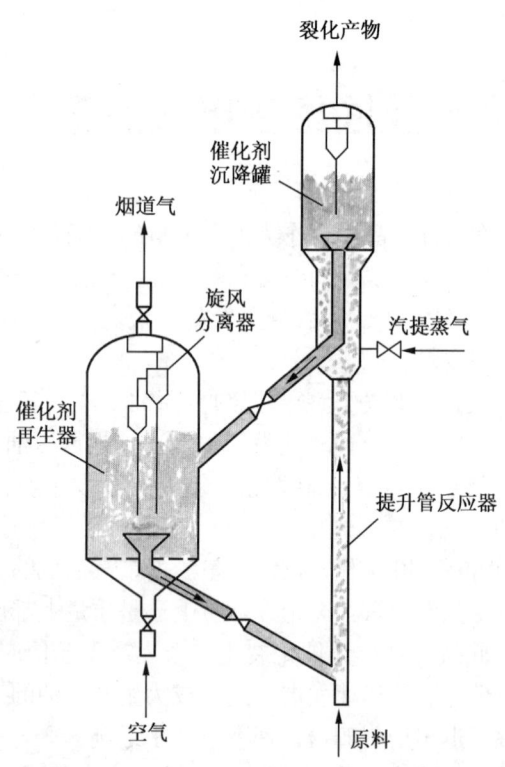

催化裂化装置示意图

事物往往是一分为二的，在催化裂化过程中原料也是两极分化的：一方面是大分子变小，产生出人们所需要的轻质产物；另一方面，大分子还缩合成更大的分子，直至生成焦炭。这些焦炭沉积在催化剂上，会使催化剂的活性大大下降以致使它无法工作。只有通入空气把焦炭烧掉，对催化剂进行再生，使其活性得到恢复后，才能重复使用。在炼油厂里，这个过程是在一种叫做流化床的设备中完成的，像粉末一样的微球形催化剂周而复始地在反应器和再生器之间来回穿梭运动。在反应器中，随着反应的进行催化剂的表面会结上焦炭，其活性也就逐渐下降；随后结了焦的催化剂就进入再生器，在空气气流中使催化剂上的焦炭燃烧掉，这样便可使催化剂的活性得以恢复。而焦炭燃烧所放出的热量会被催化剂吸收，为它回到反应器中继续进行裂化反应创造条件，这样也就一举两得了。

催化裂化装置

催化裂化汽油的产率大体在 50% 左右，它在我国车用汽油中的份额约占 80% 之多。催化裂化汽油基本可达到 90 号车用汽油的标准，但是从环保上更高的要求来看，其中烯烃的含量较高，硫含量一般也偏高，这是目前正在设法解决的问题。此外，催化裂化还产出 25% ～ 30% 的柴油馏分，其质量较差，需要经过进一步处理后才能应用。

催化裂化在生成汽油、柴油等液体产物的同时，还生成以丙烷、丙烯、丁烷、丁烯为主要成分的气体产物。它们在不太高的压力下就可以变成液体，这就是常用作民用燃料的液化气。其实，把液化气当燃料烧掉是很可惜的。因为它们是极好的石油化工原料，可以用来制取聚丙烯和聚丙烯腈等许多十分重要的产品。近年来，还开发了一系列用催化裂化方法尽量多产气体烯烃的过程，成为除了高温裂解外另一条提供石油化工原料的重要渠道。

此外，还有一类也能把大分子变小，使重质的原料变轻的过程称为加氢裂化。这种方法是在高达 100 多个大气压（约 10 兆帕）的氢气下，经过加氢裂化催化剂的作用，可以生产出质地纯净的优质喷气飞机燃料、柴油以及石油化工的原料（轻油）。

7. 能给石油里的分子动手术吗

大家知道石油主要是由烷烃、环烷烃和芳香烃 3 类碳氢化合物所组成。在其较轻的部分中，一般烷烃的含量最多，其次是环烷烃，芳香烃的含量最少。可是，作为汽油来说，芳香烃的燃烧性能较好（辛烷值较高），同时芳香烃又是不可或缺的石油化工原料。因而有人就想对分子动动"手术"，把石油里的环烷烃和烷烃变成芳香烃。一个环的环烷烃要变成芳香烃，每个分子就要"切除"掉 6 个氢原子；而要把一个链状的烷烃分子变成芳香烃，"手术"就更复杂些，既要把碳原子链绕成一个由 6 个碳原子构成的环，同时又得"切除"掉 8 个氢原子。此类

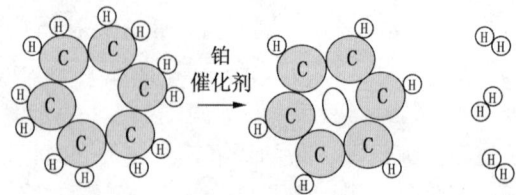

涉及改变分子结构的"手术"叫做"重整"反应，能动此类"手术"的高明大夫就是重整催化剂，这个过程在炼油业内称为"催化重整"。

催化重整技术的发展关键在于其催化剂的不断改进。目前普遍采用的重整催化剂都以铂为主要活性成分，所以一般也把催化重整称为"铂重整"。除了铂以外，现在在重整催化剂中还加入铼或锡以及氯。大家都知道铂是贵重金属，常用来作首饰，假如催化剂全部用铂来做，那么其费用之高根本无法承受。在实际应用中，是把很少量的铂和铼非常均匀地分散在作为载体的氧化铝上面制成重整催化剂，现在已可将其中铂的含量降至0.2%左右，而催化剂的活性依然，成本可大大降低。催化重整的反应温度约为500℃，为了控制催化剂上结焦的速率，催化重整是在10～20个大气压（1～2兆帕）下的氢气中进行的。但是，在催化剂上的结焦不能完全避免，操作一段时间后，就得设法将催化剂上面的焦炭烧掉，使催化剂恢复活性。这种催化剂的再生过程可以间歇地隔一两年进行一次，也可以在生产过程中连续进行。

催化重整的液体产物有两大用途，一是利用它在汽油机中燃烧性能好（辛烷值高）的特点，可以作为高标号车用汽油（93、95及97号）的成分；另一方面，可以把其中富含的芳香烃（苯、甲苯和二甲苯）分离出来，分别去用作石油化工的原料。例如，苯可以制成苯乙烯，进而合成聚苯乙烯树脂或丁苯橡胶；对位二甲苯可以氧化成对苯二甲酸，进而合成的确良（涤纶）等。

如前所述，催化重整是一个给分子"动手术"的过程，会"切除"下来许多氢，所以催化重整的气体

铂重整装置

产物中80%以上是氢气。氢气是精制石油产品所必需的原材料，而催化重整出来的氢气是副产物，真可谓是价廉物美。

8. 怎么除去石油产品中的杂质

石油里的成分主要是碳氢化合物，但同时还有不少含有硫、氮和氧的化合物，以及微量的金属，它们大多是有害的物质。含硫的化合物中有的本身就具有腐蚀性，而它燃烧后生成的二氧化硫和三氧化硫遇水会变成亚硫酸和硫酸，它们则更是强腐蚀性物质。所以，无论从环境保护，还是从设备安全上看，毋庸置疑硫是石油中头等大敌，必须除恶务尽。石油中的含氧化合物大多带有酸性，尽管石油酸有些特殊的用途，但是在石油产品中还是属于有害的成分。至于石油中的含氮化合物则多半带有碱性，它们会使有些催化剂中毒，所以也不受欢迎。此外，轻油中的砷以及重油中镍、钒等也都是对催化剂有害的物质，均属于需要脱除的杂质。

由此可见，这些杂质是非要除掉不可的。原先，精制石油产品的方法是硫酸洗涤，由于硫酸精制所生成的残渣会污染环境，此法现在已经淘汰。目前普遍采用的精制方法主要是加氢精制。所谓加氢精制是指在较高的压力和温度下，使石油产品

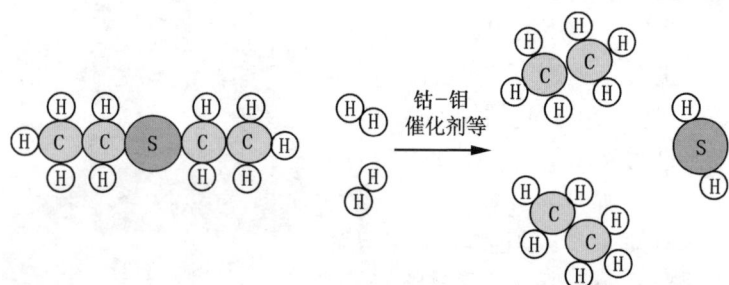

中的硫、氮、氧与外加的氢气反应生成气态的硫化氢（H_2S）、氨（NH_3）和水（H_2O），从而得到比较干净的液体石油产品。通过加氢，同时还可以除去油中的金属杂质。

加氢精制技术的核心是它所用的催化剂，此类催化剂的品种很多，它们的性能有别、牌号各异，但是万变不离其宗，其活性组分都离不开钴、钼、镍、钨这4种元素，同时一般都是以氧化铝为载体，有时也加入一些分子筛。

我国进口的原油大多来自中东地区，这些原油的特点是含硫量高。而近年来为了保护环境，对汽油等燃料的质量要求越来越高，对含硫量的限制越来越严，所以加氢精制已是必不可少的步骤。我国国产的原油则不太一样，一般含硫较少，而含氮较多。可是脱除氮要比脱除硫更困难些，为此，我国专门研制出了脱氮性能优越的加氢精制催化剂。

加氢精制的操作条件得根据原料所含杂质的性质和数量以及对产品质量的要求来确定。其反应温度的范围很宽，在300～400℃；而压力的范围更宽，低的只有十几个大气压（约1兆帕），高的会达到100多个大气压（约10兆帕），几乎相差十倍之多。

9．润滑油加工为什么要经过这么多步骤

润滑油是石油产品中质量要求比较高、使用期限比较长的品种。而从原油蒸馏出来的馏分或残渣中都含有较多杂质，假如直接加到机器里去，非把机器毁掉不可。

至今，对润滑油原料进行精制主要用的是溶剂法，就是用

溶剂把不理想的成分分离出去。那么什么是润滑油原料中的不理想成分呢？它主要指的是这两类，一类是胶状沥青状物质，另一类是多环的芳香烃。前者的性质不稳定，容易氧化变质，影响机器的使用寿命；而后者的黏度随温度的变化剧烈，高温时黏度太小，低温时黏度又太大，不利于使用。人们发现，有些溶剂的溶解能力是有选择性的，对有些物质容易溶解，而对另一些物质就不容易溶解。俗话说"物以类聚，人以群分"，在溶解方面有一个规律叫"相似相溶"，就是指结构相似的物质容易相互溶解。上述两类对润滑油来说不理想的成分有一个共同点，就是它们的分子中都含有许多芳香环结构。按照相似相溶的原则，必须用结构相似的溶剂才能把它们除去。所以，在生产上常用在分子中具有环状结构的酚、糠醛和甲基吡咯烷酮作溶剂来精制润滑油原料。

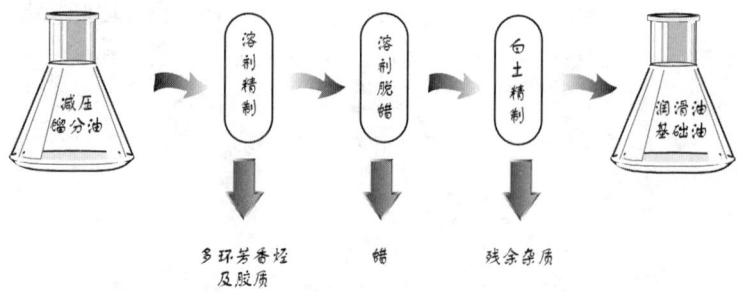

润滑油溶剂处理流程

作为润滑油的原料，一般是用原油经过减压蒸馏得到的馏分油。这些馏分油中大多含有蜡，即使在常温下它们的流动性也不太好，甚至不能流动，更何况是在低温下。而润滑油产品一定要适应气温的变化，在冬季低温下也要能自由流动才行。因此，必须把润滑油原料中所含有的蜡脱出去。最简单的脱蜡方法是所谓"冷榨法"，就是先把油料的温度降下来，让其中的蜡形成结晶，然后再加压通过滤布把不含蜡的

油料榨出来。这种方法有诸多局限,对于黏度较大的润滑油原料怎么加压也榨不出多少油来,现已很少用。目前多半是用溶剂脱蜡法,就是用溶剂把润滑油原料溶解稀释后,再降低温度使蜡结晶出来,然后用过滤机把蜡滤掉并将溶剂回收回来,所得脱蜡油的凝固温度就可以显著降低。对脱蜡用溶剂的要求显然与对精制用溶剂的不同,脱蜡溶剂是要溶解润滑油原料中的理想成分,同时要尽量少溶解蜡。可是,实践证明,很难用单一成分的溶剂达到上述两方面要求,所以一般都采用混合溶剂来进行脱蜡。这方面目前最常用的是甲苯和丁酮的混合溶剂,可根据润滑油原料的性质调节两种溶剂的比例,以达到脱蜡油中含蜡少和脱出的蜡中含油少的双赢效果。

假如要生产汽缸油之类重质润滑油,就需要从石油的渣油中取得一部分高黏度的润滑油原料。这种原料中杂质更多,其中的胶状沥青状物质不仅含量多,而且结构更加复杂,单靠溶剂精制已招架不住。因而,需要在溶剂精制之前增加一个以丙烷、丁烷为溶剂的脱沥青过程来大刀阔斧地除去胶状沥青状物质。

就算经过了上面这些处理过程,润滑油原料里往往还会有少量杂质漏网,为了保证产品质量,最后还得用白土吸附精制或加氢精制等方法来加以彻底铲除,以期除恶务尽,不留后患。

10. 石油能发酵吗

大家都知道面团可以发酵做馒头,粮食可以发酵酿酒或制醋,但是提到石油发酵似乎是天方夜谭。殊不知,石油确实可以发酵。当然石油不可能发酵酿酒，但可以制成单细胞蛋白和二元酸等许多产品。

所谓发酵泛指微生物对有机物作用而使其分解的过程，由微生物（细菌等）、有机物、培养基等在适宜的条件下进行。这是以活体的微生物为催化剂的生物反应，现代把这个过程归入生物化学工程领域。

石油和蛋白一般认为是风马牛不相及的，可是通过发酵过程确实会把它们联系在一起。在适宜的条件下，对于特定的微生物,石油中的蜡（以直链烷烃为主）似乎就是它们喜爱的"食物"（发酵基质），在那样的环境里这种微生物能"饱食终日"，迅速地增殖。经过一段时间后，这些石油蜡就被"吃"掉了，同时微生物自身不断繁衍，"子孙满堂"，成了庞大的家族。对石油蜡发酵后的产物进行处理、精制和分离，可以得到一种干粉状的单细胞蛋白，也叫石油酵母，其中蛋白质的含量高达60%～65%，包含了所有可供动物消化的重要的氨基酸成分，其组分优于豆类蛋白。有的国家已试着把它作为动物饲料，效果良好。在石油炼制工业中，此法已成熟地用来处理含蜡的低黏度润滑油馏分，可将其中所含的蜡转化为石油酵母，从而显著降低其凝固点，生产出适合在高寒地区使用的低凝固点润滑油，这就是所谓微生物脱蜡过程。

在一般条件下，直链烷烃碳链的一端易于被氧化，生成链状的脂肪酸类，而很难在碳链两端同时都被氧化生成长链的二元酸。可是，直链烷烃用微生物发酵法可得到链长达十几个碳原子的二元酸，产率可达85%以上。这种长链的二元酸，在工业上是很有用的，它们不仅是合成香料的原料，还可用于合成工程塑料（如尼龙1212等）、增塑剂及合成润滑油等。

除此之外，近来还开展了关于用微生物发酵法脱除油料中的硫和氮等有害成分的研究，据报道已取得初步进展。

需要特别注意的是，不同微生物的作用大相径庭，每个过程所用的微生物都不一样。发酵过程的关键是微生物的筛选，只有找到符合需要的菌种，才能进行相关的生物反应。整个过程中不容许有任何杂菌的存在，假如任凭它们随意插足，便会将反应引入歧途，无法得到目的产物，甚至会前功尽弃。

11. 石油及天然气与"食"有关系吗

大家都知道，人们的"衣"、"住"、"行"都离不开石油和天然气，往往误以为它们与"食"似乎关系不大，殊不知石油和天然气与现代农业密不可分。发展农业，离不开化肥，化肥中最主要的是氮肥，而生产氮肥的原料过去是煤，现在主要是天然气和石油，尤其是天然气。

尿素、硝酸铵和硫酸铵等无论哪种氮肥都是以氨为原料制成的，所以第一步都是要先合成出氨来。氨是由3个氢原子和1个氮原子构成的化合物，氮元素在空气里大量存在，只是如何加以分离和利用的问题。而在天然气和石油中则含有大量氢元素，一般轻质油品中的含氢量约为15%，而以甲烷为主要成分的天然气的含氢量高达25%，同时其中的碳也能与水通过转化变出氢来。

所以，要合成氨首先得从天然气或石油制成氢气。

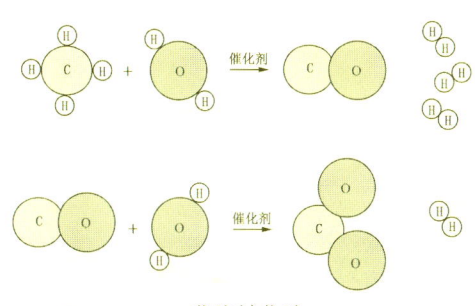

蒸汽转化法

制氢有多种方法，其中主要是蒸汽转化法和部分氧化法。所谓蒸汽转化法，就是将天然气或轻油在800～900℃高温和以镍为主要成分的催化剂的作用下，与水蒸气反应生成氢气和一氧化碳，然后再进一步用另外一些催化剂把一氧化碳与水蒸气转化为氢气和二氧化碳，接着除去二氧化碳便是氢气了。这样既利用了烃类中的氢又利用了水中的氢，可以说是一箭双雕。因为轻油本身就是很有用的石油产品，用它作原料来制氢是不经济的，所以目前蒸汽转化法的原料主要是资源丰富、价格便宜的天然气。

所谓部分氧化法是指以重油为原料，在高温下与氧气或富氧空气进行反应，其中一部分重油完全燃烧，生成二氧化碳，同时放出大量热能，这些热量又提供给另一部分重油与二氧化碳和水蒸气作用生成一氧化碳和氢气。后面的步骤就和蒸汽转化法基本相同了。

有了氢气和氮气，要合成出氨来也不是轻而易举的，必须在高达300大气压（30兆帕）左右的压力和500℃左右高温下，采用以铁为活性成分的高效催化剂，才能取得满意的转化率。其关键是催化剂，假如没有高效的催化剂，氢和氮即使在高温高压下也会视同陌路，长期共处也难结合。

合成氨装置

农业上所用的氮肥中一多半是尿素，尿素是由氨和二氧化碳反应生成的。它们的反应温度并不高，大体为180～200℃，而要求的压力是相当高的，要在140～240大气压（14～24兆帕）。

氨除了作为化肥

外,还有许多其他用途。例如氨可以用于制冷设备中,是最常用的冷冻剂;氨经过氧化可制成硝酸,硝酸和氨又可生成硝酸铵,硝酸铵不仅是肥效极好的氮肥,同时又可制成炸药。

12. 炼油厂里操作人员怎么那么少

　　人们一进炼油厂的生产车间,就会发现在岗位上的操作人员特别少,而且穿得干干净净,好像是坐在那里看电视。

　　炼油生产过程基本都是在设备和管线里进行,用肉眼是看不见的。要想知道里面的温度、压力和流量等情况,就得借助于温度计、压力表、流量计等所谓"一次仪表"。你假如在炼油生产装置中转上一圈的话,就能看到在设备外、管线上到处都是这类仪表。根据仪表上显示的读数,就可以对设备和管线内部的情况作到心中有数。炼油厂中的设备很多,有的设备高达几十米,在早期的炼油厂里,操作人员不管刮风下雨、酷暑严冬都得在室外爬上爬下地观察和记录数据,并根据这些数据来判断生产是否正常。

　　随着技术的进步,人们已可以把一次仪表显示的温度、压力、流量等参数,转换成电信号传送到操作室里,并分别标在有一面墙这么大的流程图上。这样,操作人员便可一目了然地在操作室内从装在仪表板上的所谓"二次仪表"上实时地看到各种数据,运筹帷幄,进行调整。随着计算机技术的发展,现在人们可以很容易地把整个生产装置的所有数据全都引入微机,只要一按鼠标或按钮,所要了解的情况尽收眼底。外人看来操作人员似乎老在看电视消遣,其实他们正聚精会神地从屏幕上监视着整个生产装置是否正常运行。

　　但是,做到以上这些还仅仅只能维持稳定生产。到底应该怎样调整操作参数，才能使生产装置在最佳状态下运转，最大限度地得到合格的目的产物，以取得最好的经济效益呢？原先只是靠操作人员根据经验来判断。但是，这些参数之间的关系很复杂，人的经验总是有局限性的，何况生产条件经常变化，有时要改变原料，有时要根据市场的需要改变产品的结构，单靠操作经验就很难应对了。对于这种情况，计算机就大有用武之地。这方面起初是将大家多年的操作经验总结概括起来，形成一种能反映这个生产装置基本规律的计算机软件，作为调整操作参数的依据。这当然比单靠个人的经验要强多了，但是难免还是有些局限。现在，又进一步把生产装置的各部分操作参数之间的内在联系用数学模型来加以模拟。利用这种模型，计算机可以根据实际情况随时自动调节各种操作参数，以期使生产装置的操作达到最佳的状态，取得最好的经济效益，同时也可大大地节省人力。所以，越是现代化的炼油厂所需要的操作人员越少，例如一个每年能处理几百万吨原油的原油蒸馏装置，正常情况下只需要很少几个操作人员就可以应付自如了，工作效率之高令人咋舌。

炼油装置控制室

13. 怎样才能节约能量消耗

现在的企业都要努力提高经济效益，不然在市场中无法竞争。而要提高经济效益就得千方百计降低成本，在炼油厂中很重要的成本是它消耗的能量。炼油生产过程大部分是在高温下进行的，要将原料加热，把温度提高到 300～400℃ 甚至 500℃，经过加工后又得把产物的温度降低到常温，这里涉及大量的热能。目前，国内炼油厂每加工 1 吨原油要消耗掉的能量，大致相当于烧掉 70～95 千克原油，占加工原油的 7%～9.5%，相当可观。因而，为了降低成本，就必须精打细算，尽量降低能量的消耗。

炼油厂里有许多加热炉，它们是以炼油厂自产的燃料气或重油作为燃料的。在加热炉的设计和操作中，就是要使燃料燃烧得完全，不能让烟囱冒黑烟。对燃料燃烧释放出来的能量要能充分的利用，不能让它白白地损失。即使是燃烧后生成废气中的热量也不能轻易放过，在进入烟囱之前也要设法尽可能地加以回收。目前炼油厂中加热炉的热量利用率已可达到 85%以上。

前面说到炼油过程大多是高温的，出来的产物的温度当然是很高的，假如马上用水来冷凝和冷却，这些热量岂不白白浪费掉。而进入生产装置的原料的温度又比较低，需要加热才能达到加工过程所要求的温度。一方面热量多余，而

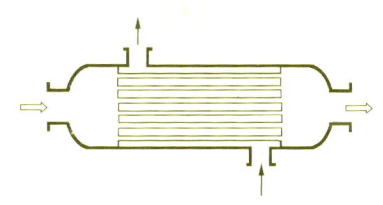

换热器示意图

另一方面则缺少热量，如果创造条件使它们两者取长补短，岂不各得其所。能使物料之间进行热量交换的设备叫换热器，换热器大多是由许多钢管组合而成。假如在钢管里面流动的是温度较高的产物，在钢管外面流动的是温度较低的原料，热量便可通过管壁从高温的产物传给低温的原料，以达到节能的效果。在炼油厂里，一个装置就有许多温度不同的物流，它们之间的换热可以有许多方案，也就是说可形成不同的换热网络。借助计算机，可找出其中最能节省能量的方案。这种选择不是仅仅局限于一个生产装置，而可以从全厂的更大的范围来考虑如何才是最经济的。

在靠近高温设备和管线时，人们便会感到酷热难耐，这是因为它们散发着热量，这些能量就白白地损失了。别小看这些散失的热量，它有可能占燃料所提供能量的10%～20%。因而，对设备和管线裹上厚厚的保温层便是必不可少的了。保温材料有超细玻璃棉、岩棉、矿棉、微孔硅酸钙、硅酸铝纤维等，可根据情况选用。保温层太薄容易散热，这点大家很容易理解，那么保温层是不是越厚效果越好呢？不然。这是因为散热是与面积有关的，在保温层增厚的同时它的散热面积也在增大，当保温层过厚时，事与愿违，其散热量会由于它的散热面积过大反而增大。所以，保温层的厚度要适中。

当然，关于炼油厂的节能措施不只是上述这些，除此之外还有改进工艺过程、改善操作条件、回收利用低温热量等等。

换热器

14. 油火无情,安全第一

大家都知道石油和天然气是易燃、易爆的危险品,所以在使用时一定要十分小心,不能马虎大意,一时的疏忽可能会酿成抱憾终生的大祸。

现在许多地方都用天然气作燃料,这比用煤当然要方便得多,也干净多了。但是天然气是非常容易燃烧和爆炸的,千万不可掉以轻心。天然气在管线里并不与空气接触,也没有火源,它不会自动着火。可是一旦泄漏出来,那就如同老虎出笼,随时都会伤人。天然气的主要成分是甲烷,它的爆炸极限是5%~16%,就是说,只要浓度在这个范围里,仅有一颗小小的火星就会一触即发,使它整个爆炸。近来,屡有报道说,有些楼房由于管道年久失修,腐蚀穿孔,导致天然气泄漏而引起爆炸,甚至会摧毁整栋大楼,造成严重的人员伤亡。平时在家里,随时要注意天然气是否有泄漏,所有的接头一定要严密,橡皮管或塑料管的两头要箍紧,并需定时更换管子以防止它们老化开裂。一旦闻到有异味,发现有漏气的可能,必须马上把气阀关闭,此时千万不能打开任何电开关,不能急着去开排风扇,也不能打电话,电火花是会引发爆炸的。万一发生由于天然气引起的火灾,最紧迫的是要马上关住气阀,切断气源。同时即刻把烧着的衣服脱掉,假如一时来不及脱,那就马上就地打滚把火扑灭,切不可奔跑,那样火会越烧越旺伤害更大,也不要大声喊叫,以免烧伤呼吸道。

轻质油品中常用的是汽油,在封闭的容器里汽油是不会燃烧的。但是,汽油的沸点范围只是从常温至200℃左右,在空气中很容易挥发。假如容器敞着口,那么其周围的汽油浓度就会逐渐增大到可能发生爆炸的范围，此时，星星之火就足以燃起熊熊烈火。所以，切记汽油容器的周围万万不能抽烟，也不能打手机，否则可能引火烧身。汽油容器绝不能靠近高温部位，温度越高它就越容易蒸发成气体，也就随时存在着爆炸燃烧的危险。有人为了去除衣物和身上的油污，顺手就用汽油来洗涤，这是很危险的，一旦着火就无法挽救了。

柴油比汽油重一些，它的挥发性就小一些，但是它也是易燃的。柴油有一个质量指标叫闪点，这是指当它超过某个温度后，也是一点就着。不同牌号柴油的闪点分别为45℃或65℃，都相当低。液体燃料必须变成气体后才能燃烧，柴油沸点范围较高，挥发性较汽油小，一般情况下不易爆炸。一旦着火，只要把容器盖住，不让它接触空气，火就会熄灭。

不管什么油料，尤其是轻质油料一定不能倒入下水道。因为，一旦进入下水道，它们便会逐渐气化，直至充满整个下水道系统。这时，只要有一个小火苗，就会导致整个系统轰然爆炸，而且火焰会顺着下水道窜向各处。这就不仅使用户受害，而且还会殃及左邻右舍，后果不堪设想，这方面已经有许多血的教训。

大家都知道最常见的救火方法是浇水，一般情况下这样是可以通过迅速降温把火灭掉。但是，遇到油品着火时，可万万不能浇水。这是因为油比水轻，它会浮在水面上到处流动，等于火上加油，事与愿违，使着火的范围扩大，后果更加严重。所以，对于油品着火只能用泡沫、干粉或二氧化碳来扑灭。

15．警惕无形杀手——石油静电

对于在轻质燃料周围不能有明火这一点，一般都比较清

楚,但是对于即使没有火源也可能由于静电放电这个无形杀手而引起火灾,一般就很少警惕了。

当你在冬季晚上脱毛衣时,常会听到嘶嘶的声音和看到闪闪的辉光。这是因为身穿的衣服之间经长时间的

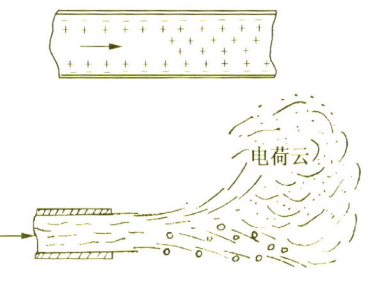

形成石油静电的示意图

充分接触和摩擦生电,相接触的两件衣服会带上相反极性的静电电荷,这样在脱衣的过程中就会发生静电放电。

实际上,这种静电带电现象在液体中也是常见的,石油也不例外。石油在管线中流动时,由于油料和钢管管壁之间的摩擦,会使油料带电,而油料又不是导体,这就必然导致电荷的积累。油料中的电荷并不是均匀分布,而是趋向于表面,其表面的电荷较多,密度较大。当积累起来的电荷所形成的静电场具有足够大的电场强度时,这就有可能导致静电放电,此时如果遇上已达到爆炸极限的可燃混合物,而放电的能量又足以点燃,那么就会一触即发引起火灾或爆炸。对于轻质油品蒸气与空气的混合物,只要有相当于使1毫升的水升高$0.12℃$的这么一点能量,就足以引爆。

国内外由于静电放电而引起的火灾屡见不鲜。前些年,我国某炼油厂在向油槽车装轻质油品时就发生过一起特大火灾,造成人员伤亡和严重的财产损失。对这起事故的调查结果表明,其原因是装油管线内的油料流速太快,造成油料中大量积聚电荷;同时又没有设置专门的接地装置,使大量积聚的电荷无法排出;而槽车口是敞开的,使油蒸气和空气形成了可燃混合物。这样便导致在装油管线与槽车口之间发生火花放电,因而酿成大祸。

由此可见,油料在管线中的流动而产生的静电是与油料的

流速有关的，流速越大，它所产生的电荷量也越多，危险性也就越大，所以在装卸油料时流速不能太快。同时需要采用接地的方法，把积聚在油料内部的电荷通过接地体导入大地，也可以用消静电器和缓和器来避免放电的危险。此外，还可用加入抗静电添加剂的方法，此类添加剂一般是有机酸的金属盐类，在油料中只要加入微量的这类物质，就可以成十倍甚至成百倍地增大油料的电导率，使其中积聚的电荷能很快导出。

除此以外，在装油时，应把注油管尽可能地插至油槽的底部，避免从上部喷溅装油。因为喷出来的小油滴都带有电荷，它们会汇聚成带有大量电荷的电荷云，那是十分危险的。还需注意的是，不能用吹气鼓泡的方法来搅拌轻质油品，那样会使油料内产生并积聚大量的静电电荷，也是很不安全的。

16. 处理炼油厂污水至少要过三关

人的生存一天也离不开水，而我国是一个水资源缺乏的国家，仅有的这点有限的、十分宝贵的水，还到处被严重地污染着。当在电视画面上看到有一些人不负责任地把工厂里污水不经处理就排入河道，造成鱼虾大量死亡，农作物颗粒无收，老百姓得病甚至中毒时，真是触目惊心。

炼油厂在生产过程中必须用水，而且用水量还相当多，达到加工原油量的几十倍。虽然大部分的水可以循环使用，但是仍会产生出相当于加工原油量60%～70%的废水。这些废水中含有许多对人体十分有害的杂质，必须经过严格处理后才能排放出厂。废水中杂质的成分很复杂，而且各厂也不尽相同。现在，一般用"需氧量"作为综合衡量其被污染程度的指标。这是因为炼油厂废水中的杂质大多是有机物，它们在一定条件

下都是可以被氧化的,其氧化所需氧的数量基本与其中污染物的含量相对应。测定废水需氧量的方法有化学法和生物化学法两种,所得结果分别用"化学耗氧量"和"生物耗氧量"来表示,它们的英语缩略语相应为"COD"和"BOD"。

对于一般炼油厂废水的处理至少要过三关,才能达到排放的要求,其中第一关是隔油。炼油厂的废水里都混有一些污油,由于油的密度小于水,它会不断浮升到水面上而形成油层,这层油可以通过隔油池被刮去。

经过隔油池后,废水里的含油量显著减少,但是还存在一些很细的、悬浮在水里的小油珠,它们是不会自动浮到水面上去的。废水处理的第二道关,主要就是要用凝聚和气浮的方法除掉这些小油珠。人们早就知道用明矾可以净化不干净的水,其实这就是凝聚法,当然在炼油厂用的不单是明矾,还有其他效率更高的凝聚药剂。气浮法就是使凝聚的油珠等杂质黏附在不断上浮的小空气泡的周围,和它一起升到水面形成浮渣,这样便可很容易地被刮掉了。

过了上述两关,废水还会有一些溶解于水的杂质,对于这些可溶的杂质,上述物理的或者化学的方法都已无能为力。这第三关只能求助于生物化学的方法,就是利用自然界存在的各种微生物来分解废水中可溶性的有害物质。细菌对于人体来说大多是有害的,能使人得病甚至威胁生命。可是

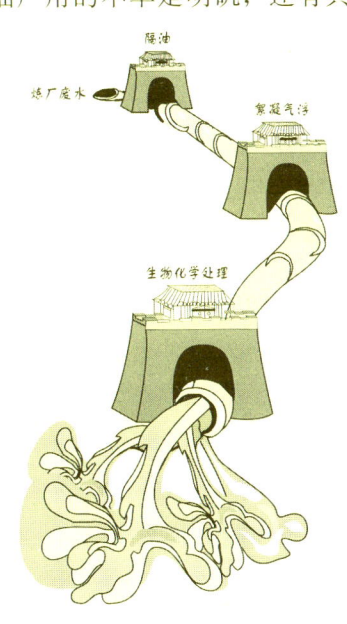

炼油废水处理流程示意图

在处理废水时,细菌却是得力助手,它可以把溶于水的杂质转化为不溶于水的、可以分离的物质。

炼油厂废水通过上述三关,一般就已达到排放标准,对人体基本无害了。但是,为了万无一失,有时最后还增加一道关卡,例如再通过活性炭吸附,这样处理的废水就更加纯净了。

当处理被硫等污染得很严重的废水时,往往还需要在进入隔油池之前,再增加一个预处理过程,用水蒸气把大部分硫化氢和氨等杂质驱赶出去,为后续的处理铺平道路。

17. 炼油厂废气能随便从烟囱里排放吗

炼油厂每时每刻都在向大气排放大量废气,假如其中含有有害成分,那就会污染环境,危及人们的身体健康。现在,保护环境是事关国家可持续发展的大计,决不能漠然处之。所以炼油厂的废气一定要经过处理后才能排放。

我国国产原油中的含硫量大多不到1%,而近年来进口中东地区含硫原油日益增多,其中有的含硫量高达4%。然而,从保护环境出发,却要求石油产品中的含硫量越少越好,像汽油的质量标准中甚至趋向于完全不含硫。因而,在炼油厂中就必须用加氢精制等方法把油品中的的硫脱掉。脱硫以后,油品是符合环保要求了,可是硫都变成了硫化氢进入了炼厂废气。硫化氢是一种毒性很大的气体,并且恶臭(类似臭鸡蛋味)难闻。假如对废气不加处理,直接把这种又臭又毒的气体排入大气,那就会严重污染环境。

硫化氢是带有酸性的化合物，很容易想到用碱性的化合物与它中和便可以除去。最常见的碱是氢氧化钠，它和硫化氢反应可以生成硫化钠，但是氢氧化钠无法再回收使用。因而，在炼油厂采用的是一种有机的碱性化合物叫做乙醇胺，它在较低的温度和较高的压力下可以吸收硫化氢，而当温度升高、压力降低时，它又会放出硫化氢，可以周而复始循环使用。处理后的炼厂废气基本不含硫化氢，这样便可通过比较高的烟囱排入大气。

用上述方法把硫化氢从废气中分离出来后，得到的是浓度很高的硫化氢，那就更加不能排放了，必须另辟蹊径。大家都知道硫磺是很有用的，它是制造重要化工原料——硫酸的原料，假如能从硫化氢中提出硫磺来，那就岂不化害为利了吗？这方面，一个名叫克劳斯的英国人在1883年就发明一种很巧妙的方法，这个以他名字命名的克劳斯法一直沿用到现在。克劳斯法的基本思路是将硫化氢和不足量的空气同时通入燃烧炉进行部分燃烧生成二氧化硫；而后，燃烧生成的二氧化硫和没有燃烧的硫化氢一起进入催化转化器。二氧化硫中的硫是处于氧化状态的，而硫化氢中的硫则是处于还原状态的，在转化器里两者相互反应都变为硫磺。转化器出口的温度约为300℃，在这

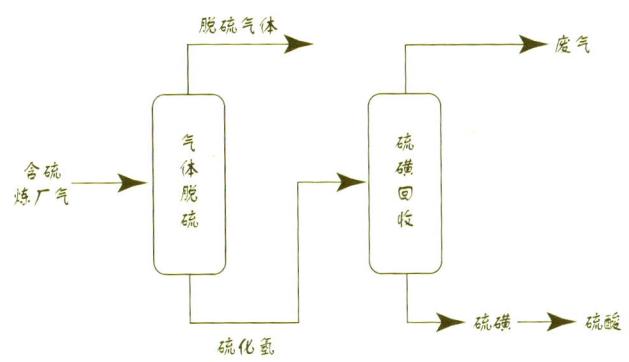

气体脱硫示意图

个温度下硫磺呈液态，它可以流到一个容器中去收集起来，冷却后便是浅黄色的固体硫磺，这样也就变废为宝了。

18．土法炼油有百害无一利

土法炼油浪费资源，污染严重，虽经多次取缔，但在一些地方仍是屡禁不止。有的人想不通国家为什么三令五申非要禁止土法炼油，堵了他们的"财路"，要知道土法炼油确实是祸国殃民，千万不能铤而走险。

石油是一种十分宝贵的自然资源，用掉一点少一点，土法炼油是对石油资源的极大浪费。100多年前，人们曾经用非常简单的蒸馏釜来炼油，从原油里蒸出一些煤油来点灯，其他的部分不是扔掉就是简单当燃料烧掉，现在这种浪费资源的方法早已被历史淘汰了。随着人类文明的进步，炼油技术不断发展，已可从原油中炼出数百种产品，以满足人们各方面的需要。各种石油产品都有它严格的标准，一般都得经过好几道工序才能生产出来，单纯靠简单地蒸馏一下是绝对不可能生产出合格产品的。有人可能会想是否可以凑合着用，哪里知道这是万万使不得的。就拿汽油为例，假如在汽车里用了由土法炼出来的、完全不合格的劣质汽油，轻则损坏汽车的发动机，重则会酿成交通事故，甚至危及生命。

石油很容易燃烧甚至爆炸，炼油如同玩火，是一个风险性很大的行业，一定要时时以如临深渊、如履薄冰的心态，小心翼翼地行事。炼油厂所用的设备都需要严格符合要求，既要耐高温，又要耐腐蚀，丝毫马虎将就不得。土法炼油用的设备一般都是七拼八凑、非常简陋，很少考虑它的安全性，爆炸隐患随时都存在。所以土法炼油厂着火伤人的事故屡见不鲜，有的

人黄金梦未圆便葬身火海，发生了一幕幕悲剧。

现在越来越多的人已认识到保护环境的重要性。在炼油的过程中，总会产生一些废水和废气，其中含有很多对人体和生物有害的成分，假如不经处理就把废水排入河流，会使水体污染，不仅无法饮用，连鱼虾都会荡然无存。未经处理的废气也对人体十分有害。所以，在正规的炼油厂中，都设有专门处理废水和废气的车间，必须达到国家规定的标准才能排放。而土法炼油一般都没有此类设备，随便排放会造成周边环境的污染，危害生灵。

总而言之，土法炼油有百害无一利，切不可为了一己私利或被小团体眼前的蝇头小利所诱惑而见利忘义。

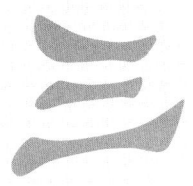

基本有机原料篇

1. 基本有机原料从何而来

主要的基本有机原料有三烯（乙烯、丙烯、丁二烯）、三苯（苯、甲苯、二甲苯）、甲醇、乙醇、甲醛、醋酸以及环氧化合物等。它们是利用自然界中大量存在的石油、煤、天然气等，通过各种化学过程加工制成的。这类产品一般不能直接用于人们生活，而是生产三大合成材料（合成树脂、合成纤维及合成橡胶）的单体，也是合成洗涤剂、医药、染料、香料等精细化工产品的重要原料或中间体。

最早人们从动植物制取有机化工原料，大部分限于天然物的提纯与处理，处于农产化学品阶段，其中有些品种，如粮食发酵生产酒精、柠檬酸，农林副产品水解制糠醛等一直延续到现在。

18世纪钢铁工业的发展，推动了焦炭的生产。炼焦副产的煤焦油中含有成百上千种化合物，它们构成了炸药、染料和药物等的基本化工原料。随着对有机合成产品的进一步需求，乙炔化学应运而生。早在20世纪30年代,常用碳化钙（电石）作原料生产乙炔,再用乙炔来生产基本有机原料。由于从氧化钙制取碳化钙需要消耗大量能量，俗称"电老虎"，导致所得有机原料的成本太高，因而目前电石乙炔路线已基本淘汰。无论是煤焦油还是乙炔都以煤作为原料，因此称为煤化学工业。

从1920年起，美国开始采用石油、天然气为原料制取基本有机合成化工产品。由于石油、天然气资源丰富，制取烯烃、芳烃的方法远比电石法简单，且成本较低，因而到20世纪50年代初，以石油为原料的基本有机合成工业引起世界各国的普遍重视。到20世纪60年代末，国外已有80%以上基本有机原料是由石油和天然气生产的，而合成树脂、合成橡胶、合成纤维等材料则几乎百分之百依赖于从石油生产基本有机原料，从

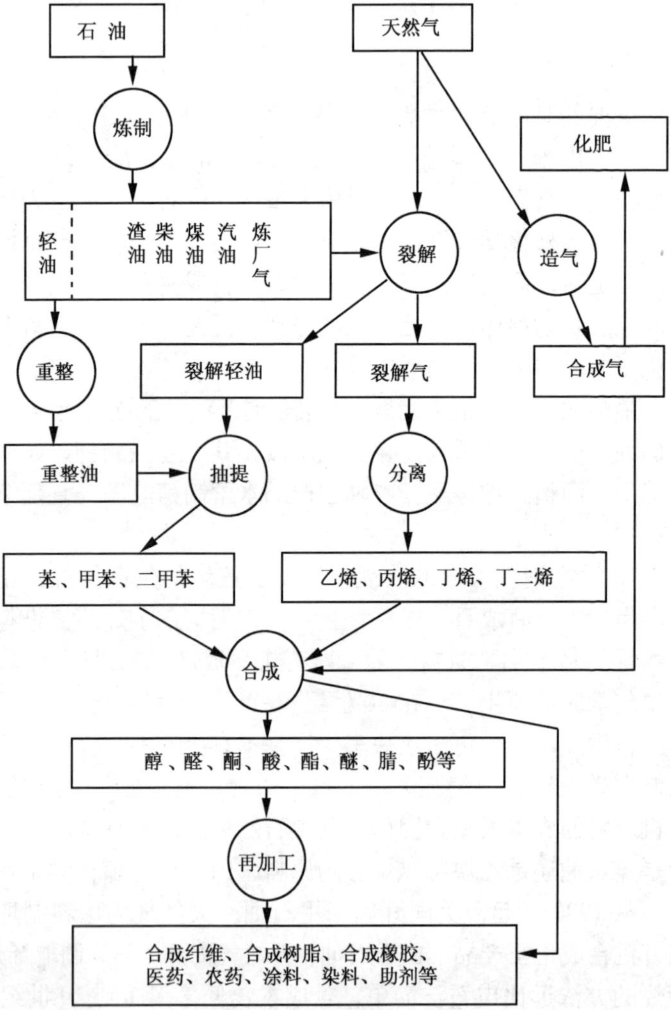

基本有机原料的来源

此进入了以石油为原料的石油化学工业时代。

基本有机合成工业产品种类多、数量大、用途广。如前所述,它可以为合成材料及许多精细化工产品的生产提供原料,是这些工业发展的重要条件和基础。合成材料在国民经济、国防和人民生活等各个方面的重要性是有目共睹的。合成材料作为天然材料的代用品,在许多性能上比天然材料更为优越。例如,塑料具有耐磨、耐腐蚀、自润滑等许多优异性能,而且密度小、成本低,在机械、电器、汽车及建筑等行业中代替钢材、有色金属和木材,已显示出很大的优越性。合成纤维在耐磨、耐酸碱、质轻保暖、不易皱褶、经洗耐穿等方面为天然纤维所不及。合成橡胶是一种重要的战略物资,其耐油、耐磨、耐高温、耐低温、气密性等都优于天然橡胶。基本有机合成产品可用于制造农膜、化肥、杀虫剂、除虫剂和植物生长剂等,对农业现代化起着重要作用。基本有机合成工业还为国防尖端科学的发展提供特种溶剂、高能燃料以及特殊性能的合成材料单体等等。总之,基本有机合成工业已经和国民经济及人民生活等多方面建立了十分密切的关系,起着十分重要的作用,越来越受到人们的关注和重视。

2. 石油化工的基石——乙烯

许多热带树木的叶子可以产生乙烯,乙烯可促使树木老叶脱落、新叶生长。乙烯还可以催熟已摘下的未成熟果子。

乙烯的分子式是 C_2H_4。它是一种无色、稍甜而微有芳香的气体,分子中含有一个不饱和的双键结构,这使它的化学性质相当活泼,能与多种化学物质反应生成重要的有机化工产品。乙烯是现代石油化工的重要基础原料,人们经常用乙烯的产量和装置规模来标志一个国家石油化工发展的水平。

现代制乙烯的主要生产方法是石油烃高温蒸汽裂解。石油中含有多种长碳链的碳氢化合物，要把这些化合物变成重要的化工原料，必须把过长的碳—碳（C—C）键"砍断"，减少分子中的碳原子数并脱掉部分氢原子，这个过程就叫"裂解"。通常将石油加热到 750～850℃甚至 1000℃以上，就会发生复杂的裂解反应，生成烯烃、炔烃和芳香烃。

高温裂解的气体产物是很复杂的，通常含有甲烷、氢气、乙烯、

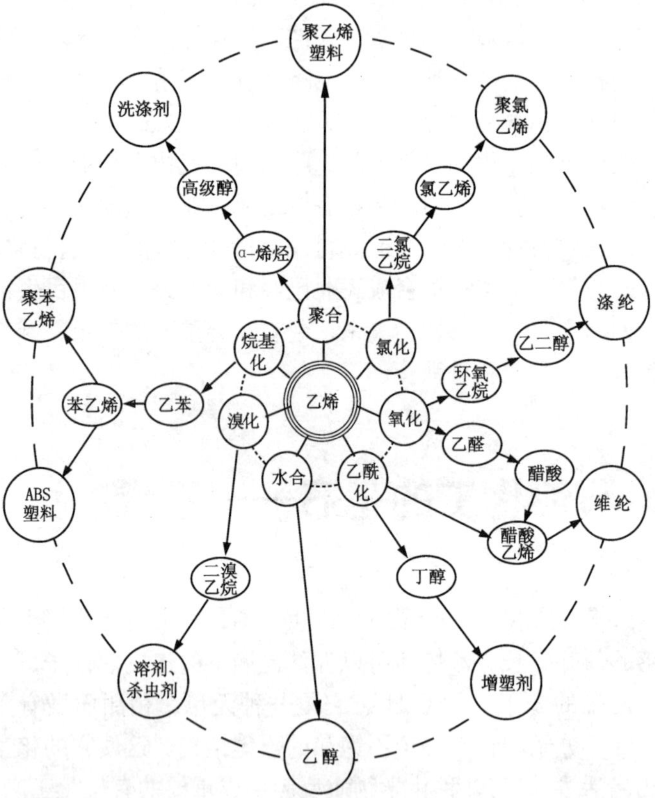

乙烯的用途

丙烯、丁烯等和相应的烷烃，如果不进行分离是难以直接利用的。特别在合成聚合物时，要求乙烯、丙烯纯度高于99.9%以上，产品中杂质的含量低到百万分之几，甚至更少。可以利用裂解气中各碳氢化合物的沸点不同，用低温蒸馏的方法把它们一一分开。从裂解气中分离得到的主要产物是乙烯、丙烯和丁二烯。

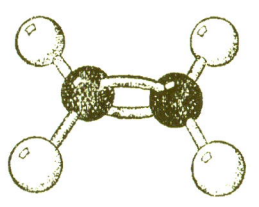

乙烯分子结构

制取乙烯的装置通常分为热区和冷区。热区是指裂解部分，它包括若干台裂解炉以及急冷锅炉、油洗塔等；冷区是指分离部分，其中有高耸入云的塔林和众多的冷却设备。由于裂解气在常温、常压下是气体，必须把裂解气加压到30～40大气压（3～4兆帕）并冷却到零下100℃，使部分裂解气变成液体后才能进行蒸馏分离，这就是在乙烯工业中用得最多的深冷分离法。

在乙烯生产装置中，裂解需要高温，分离需要低温，还要有相应的压缩和冷冻设备，所以乙烯装置的建设费用较高。

3. 乙烯的同族近亲——丙烯

1851年英国人雷诺首先发现，用戊醇蒸汽通过赤热的玻璃管时，生成的气体中约有一半是丙烯，后来又有人将60～90℃的石油馏分通过赤热的管子时，也得到含有丙烯的烯烃混合物。这些发现使丙烯成为来自石油而用于化工生产的第一个碳氢化合物。

丙烯是乙烯的同系物，分子式为C_3H_6，在常温常压下是略带芳香味的无色气体，比空气稍重，加压可液化。

与其他许多基本有机原料不同，丙烯大多以联产物或副产物的形式出现。它的一部分来自炼油厂，是石油催化裂化生产汽油时的副产物；另一部分来自天然气或石油馏分蒸汽裂解制乙烯时的联产物。

在石油炼制中，无论是催化裂化、热裂化还是焦化过程都会产生含有丙烯的气体，其中以催化裂化过程产生的丙烯最多。假如把这些气体作为燃料烧掉就太可惜了，如果把其中有价值的组分回收，作为有机化工原料，其经济效益就会大大提高。由于炼厂气中的丙烯浓度远远低于蒸汽裂解装置所产气体中丙烯的含量，一般是采用油吸收方法来进行回收，即用吸收油将丙烯等组分从炼厂气中吸收下来，然后再将丙烯等从吸收油中解析出来。

在高温蒸汽裂解装置中，丙烯的产率受原料影响较大。美国及一些天然气储藏丰富的国家采用乙烷为原料，其丙烯产率较低；而西欧、日本及我国多以石脑油为原料，丙烯产率则较高。1968年以前，蒸汽裂解装置皆着眼于获得尽可能多的乙烯，而副产丙烯多数作为燃料烧掉；1968年以后，由于丙烯衍生物需求量增加，特别是丙烯高聚物和共聚物的需求量急

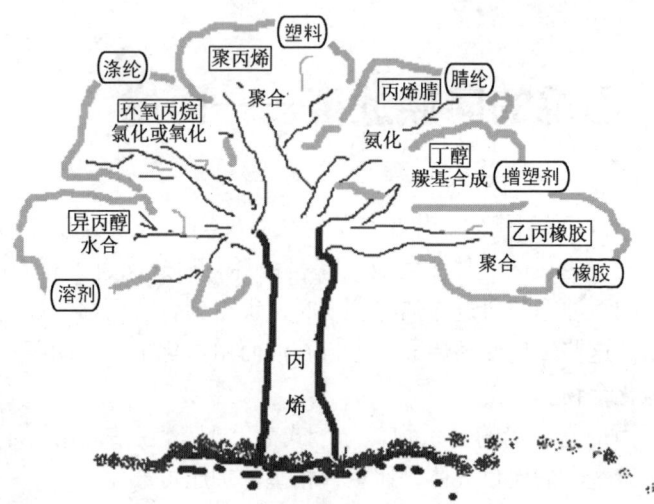

剧增长，使丙烯受到重视，成为乙烯的重要联产物。我国近期开发的催化裂解（DCC）等工艺的气体产物中丙烯含量较高，为丙烯的化工利用创造了十分有利的条件。

由于丙烯的后续加工过程对丙烯的纯度和其中各种杂质的含量要求越来越严格，所以在裂解产物的分离系统中，要用塔板数很多的丙烯精馏塔来进行分离，还要用催化剂除去精丙烯中的炔烃杂质。一般要求在丙烯精馏塔塔顶得到纯度大于99.6%的聚合级丙烯或纯度大于95%的化学级丙烯。由于丙烯与丙烷的沸点非常接近，分离起来相当困难，所以常用的丙烯分离塔高达数十米，是厂区耸立最高的塔。

丙烯的用途很多，其中聚丙烯是产量最大的品种。由于聚丙烯产量的快速增长，丙烯产量的增长速度已超过乙烯的增长速度。

4．为什么说石油化工生产的龙头是裂解炉

石油组成比较复杂，即使成油品，也是众多组分的混合物。例如汽油中就含有上百种碳氢化合物，它们的沸点范围从室温到200℃，其主要组分为烷烃、环烷烃、烯烃和芳香烃。

当石油作为燃料燃烧时，可以直接利用这

裂解炉

些混合物。但将石油作为化工原料时，必须先将其中所含的各种化合物通过化学反应转化成分子较小的烃类，如乙烯、丙烯、苯和甲苯等，这个重任就落在乙烯装置的龙头——裂解炉来完成。目前，世界上石油化工产品的原料主要出自裂解炉。

裂解炉以轻烃、石脑油、柴油等作为裂解原料，在水蒸气的伴随下，约在800℃的高温下，在很短的时间里（0.2秒或更短）完成裂解反应，形成低分子量的烃类，再经过分离提纯就可得到目的产物：三烯（乙烯、丙烯、丁二烯）、三苯（苯、甲苯和二甲苯）和副产物（裂解焦油等）。通常用乙烯、丙烯的产率和能量消耗来衡量裂解炉的技术水平。目前，经济合理的裂解装置，其乙烯年生产能力都在60万吨甚至达到百万吨以上，所以，工业裂解炉绝大多数是钢铁构成的庞然大物。

工业上采用的是管式裂解炉，它和蒸汽锅炉一样，炉内有许多按一定规则排列的合金钢管。蒸汽锅炉管内通水，管外烧火加热，在一定温度下使水变蒸汽；而裂解炉和烧锅炉的道理一样，只不过管子内通的是裂解原料。裂解原料经预热后，与过热蒸汽混合进入裂解炉上部即对流段炉管，将裂解原料升温至600℃左右，此时原料全部气化，然后进入裂解炉下部即辐射段炉管，此时辐射段炉膛温度高达1000℃，气化的原料很快升至800℃左右，发生裂解反应。裂解是强吸热反应，燃料气通过喷嘴喷入炉膛燃烧，以加热辐射段炉管，燃烧后的高温烟气继续加热对流段炉管，然后从烟囱排出。

从裂解炉出来的高温裂解气，立即进入废热锅炉，一方面回收裂解气的热量，产生高压蒸汽，用以驱动各种机泵，另一方面必须使裂解气快速降温至500℃以下，防止继续发生反应。降温后的裂解气进入急冷系统，进一步冷却，除去液体产物，再送至压缩分离部分。

裂解过程中，除了生成以"三烯"为主的气体产物和以"三苯"

为主的液体产物以及裂解焦油等副产物外,还有少量的焦炭结在裂解炉管内壁和废热锅炉的换热管内。这就像饭锅底结的锅巴和水壶底结的水垢一样,影响传热,必须定期清除,称为"清焦"。两次清焦的间隔,称为裂解炉的运转周期,运转周期越长效率越高。

裂解反应对石油化工的发展相当重要,因此,裂解炉是石油化工的龙头。

5. 石油化工的另一类重要原料——芳香烃

早先,人们把一些发出芳香味的烃类叫做芳香烃,简称芳烃,后来又发现这一类烃并不都具有芳香味,有时甚至还有令人极不愉快的气味,但这一类化合物结构中都含有相同的特征,即都含有苯环( )。其中含有一个苯环的化合物统称为苯系芳烃,如苯(Benzene,简称B)、甲苯(Toluene,简称T)、二甲苯(Xylene,简称X)等,此外还有含两个或两个以上苯环的多环或稠环芳烃。由于苯环有很强的反应能力,所以,利用芳烃可以生产出一系列带有苯环的芳香族化合物,再进一步合成医药、农药、橡胶、树脂、纤维等众多的有机化工产品。但需注意,有些芳烃对人的健康有害,例如,苯能引起中毒甚至致癌。

芳烃中苯、甲苯和二甲苯是石油化工重要的基本原料,其产量和规模仅次于乙烯和丙烯。芳烃最早来自煤焦化过程的副产品煤焦油中,随着对芳烃需求量的增加以及炼油工业的发展,石油就成为生产芳烃的主要原料。由于各种芳烃的需求不一,便又进一步发展了芳烃之间相互转化的工艺过程。

石油芳烃来源于两种加工过程,其一为石油馏分的催化重整,不同馏分石脑油经重整后可得到含芳烃50%~70%的重整油;另一种为石油馏分蒸汽裂解制乙烯的副产裂解汽油,其中芳烃含量也在50%~70%。重整油和裂解汽油再经过分离,可得到苯、甲苯、二甲苯、乙苯等等。

芳烃的应用面极为广泛,下面介绍芳烃几个主要品种的用途。

苯的最大用途是制取苯乙烯,经聚合可得到聚苯乙烯。聚苯乙烯具有电性能优良、耐热性好以及价格低廉等特点,已成为当今五大通用塑料之一。它还可以发泡制成泡沫塑料,是常用的防震包装材料。

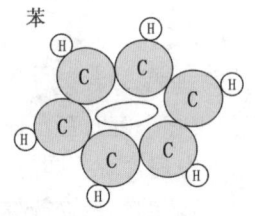
苯

其次是苯加氢制成环己烷,环己烷是生产尼龙的原料。尼龙的最大用处是做纤维和工程塑料,其纤维可织成各种织物,也可制成飞机及汽车轮胎的帘子线等。

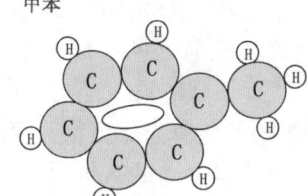
甲苯

工业二甲苯是3种二甲苯异构体(邻位、间位和对位)和乙苯的混合物。二甲苯中用量最大的是对二甲苯,对二甲苯经高温氧化可制成对苯二甲酸,而对苯二甲酸是合成聚酯树脂(涤纶)的主要原料。

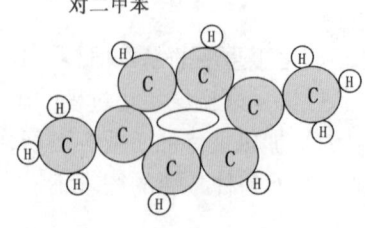
对二甲苯

萘、蒽是稠环芳烃(两个或两个以上的苯环分别共用两个相邻的碳原子而成的芳烃叫做稠环芳烃),它们是生产合

成染料和医药的重要初始原料。

6. 碳一化工的支柱——甲醇

甲醇是最简单的醇类，分子式为 CH_3OH，在通常条件下是无色、易挥发、易流动的液体。甲醇剧毒，口服或接触皮肤均可中毒，如口服 5 毫升可严重中毒，10 毫升以上可失明，30 毫升以上可致死。

甲醇最早是从木材干馏的液体产物中发现的，所以又名木醇或木精。化学合成法生产甲醇始于 1923 年，这一年德国首先以一氧化碳和氢气为原料，采用高压法建成了一套甲醇合成装置。1966 年，英国研制成功低压甲醇合成工艺，其成本和能耗大大低于高压法。20 世纪 70 年代后，各国新建和改建的甲醇装置几乎全部采用低压法。

合成甲醇的原料路线在几十年中经历了很大变化。20 世纪初，甲醇生产多以煤和焦炭为原料，后来，随着天然气和石油资源的大量开采，以天然气为原料的甲醇生产工艺被广泛采用，至今仍是生产甲醇的主要方法。20 世纪 60 年代后，重油部分氧化技术有了长足进步，以重油为原料的甲醇装置有所发展。估计在今后相当长的一段时间内，甲醇仍以石油与天然气原料为主；但从发展趋势来看，由于煤的储藏量远大于石油与天然气，以煤为原料制甲醇的份额会逐渐上升。煤制甲醇作为液体燃料也颇具吸引力，是煤炭利用的重要方向之一。

目前工业上甲醇均由 CO、CO_2 与氢在加压下催化合成。把天然气或石脑油、渣油、煤炭等经蒸汽转化等反应生产原料气，其主要成分为 CO、CO_2 和 H_2，原料气经净化、预热后进入甲醇合成工序。为了提高该反应的速率，需采用催化剂，目前主要采用以铜为活性成分的催化剂,反应温度为220～280℃,压力50～100大气压(5～10兆帕)。合成反应在列管反应器中进行,管内装催化剂,管间通沸腾水,可回收反应热以生产中压蒸汽。从反应器出来的粗甲醇,一般含量为4%～7%,经精馏分离,最后得到纯度为99.8%的精甲醇产品。

甲醇是重要的有机化工原料和溶剂,是碳一化工的基础产品。长期以来,人们一直只把甲醇作为生产农药、染料、医药等的原料,在世界石油资源逐渐枯竭的情况下,以煤为原料生产的甲醇有望替代石油成为清洁燃料与化工原料。

甲醇的主要用途如下。

(1)碳一化工的支柱。以分子中含有一个碳原子的物质(CO、CO_2、CH_4、CH_3OH 等)为原料的有机化学工业称为碳一化工,以甲醇和 CO 为原料合成醋酸是碳一化工的成功范例。

(2)新一代燃料。甲醇是一种清洁燃料,可用来掺入汽油或代替汽油作汽车燃料。

(3)有机化工的主要原料。甲醇进一步加工,可制得甲醛、甲胺、甲酸及其他多种有机化工原料。

(4)精细化工与合成树脂的重要原料。例如在农药中做杀螟松、乐果、敌百虫等,在医药中做氨基比林等,在染料工业中用作原料或溶剂,在合成树脂中是有机玻璃(聚甲基丙烯酸甲酯)等的原料。

7. 乙醇是怎样生产出来的

乙醇的分子式为 CH_3CH_2OH,俗称酒精,它在常温、常压下是一种易燃、易挥发的无色透明液体,它的水溶液具有特殊的、令人愉快的香味，并略带刺激性。

乙醇工业生产方法分为发酵法和合成法两大类。

发酵法就是人们熟知的酿酒，几千年以前人类已学会酿酒。发酵法可采用各种含糖、淀粉或纤维素的农产品、林产品、工业副产、农业副产及野生植物为原料，整个生产过程分为原料蒸煮、糖化剂制备、糖化（水解）、酵母制备、发酵及蒸馏等工序。每吨乙醇需消耗3吨多粮食或5吨多白薯干。在一些农副产品丰富的国家，发酵法至今仍是生产乙醇的主要方法。

合成法是以乙烯为原料生产乙醇。1825年俄国人发现乙烯和硫酸经酯化、水解可合成乙醇，1930年该法首次在美国实现工业化。随着石油化工的迅速发展，合成法生产的乙醇产量越来越大，但该法生产的乙醇中夹杂着异构高碳醇，对人有麻痹作用，不宜作食品、饮料、医药和香料等。所以，即使在石油化工发达的国家，发酵法乙醇仍占有一定比例。

目前工业上采用的合成法主要是乙烯直接水合法，即将乙烯在浸渍有磷酸的固体催化剂上进行水合反应。所得稀乙醇溶液需经过精馏提纯以除去部分水和副产物。用普通的精馏法得到的乙醇浓度最高只有95.6%，工业上可进一步加工最后制得纯度为99.5%的无水乙醇。

乙醇是重要的工业原料，发酵乙醇更是配制酒和生产食用醋酸及香精的原料，为了防止工业合成乙醇被误用来配制酒类，常在其中加入少量有毒、有臭或有色物质（如甲醇、吡啶、染料），掺有这些物质的酒精，叫做变性酒精。

乙醇的用途很广，主要有：

（1）溶剂，用于消毒剂、洗涤剂、工业溶剂、稀释剂、涂料溶剂等几大方面，其中用量最大的是消毒剂，浓度为70%～75%的乙醇溶液的杀菌能力最强；

（2）基本有机化工原料，乙醇可用来制取乙醛、乙醚、乙酸乙酯、乙胺等化工原料，也是制取医药、染料、涂料、洗涤剂等产品的原料；

（3）汽车燃料，乙醇可以调入汽油，作为车用燃料，美国销售乙醇汽油已有 20 年历史。

8．甲醛有毒也有用

随着人们的生活逐渐进入小康水平，家居装修已越来越讲究。但是，近来由装修引起室内污染而导致慢性中毒的报道屡见不鲜，究其原因多半是装饰材料中的甲醛酿的祸，这就使大家对甲醛给予了严重的关注。另一方面，甲醛又是一种不可缺少的有机化工原料。

甲醛是无色气体，具有强烈的刺激性、窒息性气味，在浓度很低时，就能刺激眼、鼻黏膜，浓度大时对呼吸道黏膜也有刺激性作用，所以说，甲醛是有毒的。甲醛易溶于水，可形成各种水溶液，浓度为 36.7% 的甲醛水溶液俗称福尔马林，在卫生部门用作消毒液。

甲醛的分子式是 CH_2O，化学性质十分活泼，能与许多有机物发生化学反应，制得多种产品，因此甲醛是化学合成时的一种重要中间体。

甲醛的工业化生产 1888 年始于德国，大量生产是在 1910 年酚醛树脂（俗称电木）工业开发成功以后。甲醇空气氧化法是工业生产甲醛的主要方法，将甲醇与空气通过装有催化剂的反应器，即可得到甲醛和甲醇的混合物，然后再蒸馏分离。甲醛通常是以含 30% ～ 50% 甲醛的水溶液出售。甲醛水溶液不稳定，因此要添加稳定剂才能保存。

甲醛的主要用途是制造酚醛树脂和氨基树脂。氨基树脂主

要有脲醛树脂和三聚氰胺—甲醛树脂两类。酚醛树脂用于日常用具、电器开关、电话机等;三聚氰胺—甲醛树脂可用于制造餐具等;脲醛树脂用于制造模塑粉、层压塑料,也可用作黏合剂。脲醛树脂黏合剂原料易得,价格低廉,使用方便,是生产木制品的常用原料,家装市场上出售的大心板类产品,在生产时都采用脲醛树脂作为黏合剂。因而,在购买大心板产品时,需要注意其甲醛释放量是否超标,以免对公共环境、家居环境和人体健康造成危害。现在我国已研制成功"环保型脲醛树脂",采用降醛技术可生产出环保型黏合剂,其甲醛最高含量为 2 毫克/100 克。环保型大心板的甲醛释放量很小,即使刚刚出厂的产品也闻不到气味。

甲醛的其他用途还很多,如聚甲醛是一种新型的工程塑料,可以代替铜、铝、锌及一部分钢材;在聚氨酯泡沫塑料、涂料和弹性体的生产中也消耗大量甲醛。

9. 醋的主要成分——醋酸

醋酸又名乙酸,其分子式为 CH_3COOH,是无色液体,有特殊刺激性气味,有腐蚀性。纯醋酸在 16.7℃下凝固时,外观似冰,俗称冰醋酸。

醋酸是最早从自然界直接得到的有机物之一,在自然界分布极广,这是因为许多微生物都可以将不同的有机物转化为醋酸。早在 2000 多年前,人类已用发酵法制造醋,厨房中调味用的醋是从粮食发酵得到的,其中的酸味来自醋酸,醋中含醋酸约 4%~8%。

1843 年 Kolbe 首先用木材干馏得到醋酸,1911 年德国建成了第一套乙醛氧化合成醋酸的工业化装置。目前世界上生产醋酸的方法很多，其中以甲醇羰基化法为主导工艺。

1966年美国开发了低压甲醇羰基化法制醋酸，其原料为甲醇和一氧化碳，其反应压力为30～40大气压（3～4兆帕），反应温度约为180～200℃，在高效催化剂的作用下生成醋酸的选择性高达99%。整个生产流程除反应外，还包括精制、催化剂制备和回收等部分。

醋酸是一种极为重要的化工产品，它在有机化工中的地位与无机化工中的硫酸相当。醋酸的主要用途有：

（1）醋酸乙烯。醋酸的最大消费领域是制取醋酸乙烯，约占醋酸消费的44%以上，它广泛用于生产维纶、聚乙烯醇、乙烯基共聚树脂、黏合剂、涂料等。

（2）溶剂。醋酸在许多工业化学反应中用作溶剂。

（3）醋酸纤维素。醋酸可用于制醋酐，醋酐的80%用于制造醋酸纤维，其余用于医药、香料、染料等。

（4）醋酸酯。醋酸乙酯、醋酸丁酯是醋酸的两个重要下游产品。醋酸乙酯用于清漆、稀释料、人造革、硝酸纤维、塑料、染料、药物和香料等；醋酸丁酯是一种很好的有机溶剂，用于硝化纤维、涂料、油墨、人造革、医药、塑料和香料等领域。

10. 什么是环氧化合物

环氧化合物都含有一个形成三员环的环氧基团，如环氧乙烷 $CH_2\text{—}CH_2$，环氧丙烷 $CH_3\text{—}CH\text{—}CH_2$ 等。环氧乙烷和环氧丙烷是最简单的环氧化合物，两者在室温下都是低沸点液体，有醚味，均为有毒物质，对眼睛、皮肤、呼吸道都会引起损伤。两者化学性能活泼，能与许多种化合物进行加成反应，是重要的化工原料和有机合成中间体。

环氧乙烷、环氧丙烷最早都是用氯醇法生产的，但此法需用氯气，污染比较严重。1930年，法国科学家发现用乙烯和氧在以银为活性成分的催化剂作用下可生成环氧乙烷，并于1938年建厂投产，从此乙烯直接氧化制环氧乙烷法几乎完全取代了传统的氯醇法。在生产环氧丙烷方面，也开发了丙烯直接氧化法、共氧化法、间接氧化法等工艺，它们的污染较少，生产费用也较低，问世以来发展很快。

环氧乙烷是一种重要的石油化工产品，在乙烯为原料的产品中占第二位，仅次于聚乙烯。它主要用于生产乙二醇，而乙二醇是生产涤纶纤维的主要原料。此外，环氧乙烷还可与脂肪酸、脂肪胺和脂肪醇合成性能优良的表面活性剂以及制取乙醇胺等。由于环氧乙烷具有杀菌作用，它广泛用作医院和精密仪器的消毒剂。环氧乙烷可作熏蒸剂，用于食物保藏，以防止变质。环氧丙烷是丙烯衍生物中仅次于聚丙烯和丙烯腈的第三大品种，主要用于生产聚醚、丙二醇、破乳剂、农药乳化剂与合成洗涤剂等。聚醚是合成聚氨酯泡沫塑料的主要原料，近年来由于聚醚的迅速发展，对环氧丙烷的需求量猛增。

石油与衣食住行——石油炼制与化工

合成树脂篇

1. 塑料的应用无处不在

合成树脂与塑料是不同的，但是，人们常将这两个名词混淆使用。合成树脂是指用人工合成方法将小分子（称作单体）聚合成一类高分子化合物，可用于制造塑料、合成纤维、涂料和黏合剂等。它能进行塑造成型加工，成型后所得不同形状的最终产品具有适宜的刚性和韧性。塑料则主要是指以合成树脂为主体，加入不同功能的添加剂后制成的高分子材料。

树脂有合成树脂和天然树脂之别。在自然界，有些植物能分泌出黄色半透明的黏稠物质，那就是树脂。有些动物也能分泌出树脂，这些都是天然的树脂。人们很早就开始利用天然可塑性物质，如沥青、松香、大漆、虫胶、琥珀、达玛脂等。到19世纪中叶后，人们发现了对天然高聚物改性的方法，如将硝酸纤维用樟脑作增塑剂制成的"赛璐珞"；乳酪蛋白质用甲醛塑化制成的酪素塑料。这些以天然高聚物为基础的塑料，在19世纪末已经有了工业产品，但产量不大，性能也不理想。

1909年美国化学家贝克兰用苯酚和甲醛合成了酚醛树脂，它有良好的绝缘性，故称为"电木"。电气和仪器设备工业的发展推动了酚醛树脂很快投入生产，从而开辟了塑料工业的新纪元。此后，20世纪20—30年代又相继出现了脲醛树脂、醇酸树脂、聚氯乙烯、丙烯酸酯类树脂（如有机玻璃）、聚苯乙烯等。从20世纪40年代起，因石油化工和科学技术的发展，塑料工业进入了高速发展阶段，先后出现了聚乙烯、聚丙烯、不饱和树脂等许多新品种。

塑料的品种很多，目前世界上塑料品种在300种以上，常用的也在50种以上。塑料如按应用功能可分成三大类：第一类是通用塑料，它们原料来源丰富，价格便宜，加工成型方便，产量大，应用面广，如聚乙烯、聚丙烯、聚氯乙烯、聚苯乙烯、聚氨酯等热塑性塑料，还有酚醛树脂、脲醛树脂、环氧树脂、不饱和树脂等热固性塑料；第二类是工程塑料，它们的综合性能（机械性能、耐高低温性能、电性能等）好，可代替金属作结构材料，其中聚酰胺（尼龙）、聚碳酸酯、聚甲醛、改性聚苯醚及热塑性聚酯树脂为五大通用工程塑料；第三类是功能性

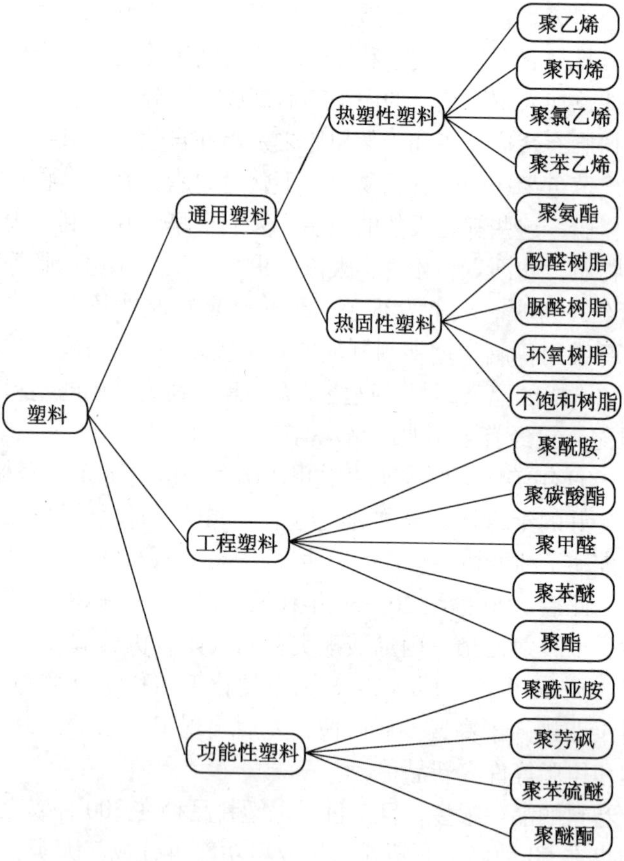

```
塑料
├── 通用塑料
│   ├── 热塑性塑料
│   │   ├── 聚乙烯
│   │   ├── 聚丙烯
│   │   ├── 聚氯乙烯
│   │   ├── 聚苯乙烯
│   │   └── 聚氨酯
│   └── 热固性塑料
│       ├── 酚醛树脂
│       ├── 脲醛树脂
│       ├── 环氧树脂
│       └── 不饱和树脂
├── 工程塑料
│   ├── 聚酰胺
│   ├── 聚碳酸酯
│   ├── 聚甲醛
│   ├── 聚苯醚
│   └── 聚酯
└── 功能性塑料
    ├── 聚酰亚胺
    ├── 聚芳砜
    ├── 聚苯硫醚
    └── 聚醚酮
```

塑料,它们产量较小,具有某种特殊的优异功能,如耐高温、耐腐蚀、耐辐射、导电、导磁等,这类塑料有聚酰亚胺、聚芳砜、聚苯硫醚、聚醚酮等。目前世界通用塑料的产量占塑料总产量的90%以上。

塑料具有许多独特的实用性能,其特点为质轻、耐腐蚀、优异的电性能和良好的气密性、保温性、隔声性以及多种防护特性等;易于加工成型,容易着色,不用上漆就可制得色泽鲜艳的产品;还能获得具有木质感、金属感、珠光及大理石等的外观效果,可以替代或节省钢材、铝材等金属以及木材、皮革、传统纤维材料等。塑料工厂的建设投资和生产能耗均较金属等传统材料为低,以单位生产能耗看,塑料分别为钢材和铝材的60%~80%和35%~50%。正是由于这样一些原因,使合成树脂和塑料在机电、化工、建筑、交通运输、能源、轻纺、农业、渔业等国民经济各个部门均得到了广泛的应用。目前,以体积计算,世界合成树脂或塑料的产量和消费量已大大超过钢铁。

从消费量来看,包装行业是合成树脂的第一大应用领域,塑料包装制品有薄膜、片材、容器、包装袋、打包带和泡沫塑料等;建筑材料是第二大应用领域,建筑材料包括管材、管件、型材(门窗等)、结构材料、隔墙、防水材料、各种内外饰件等;信息、电气、家电等行业是第三大应用领域,20世纪80年代以来,信息产业的兴起,合成树脂扮演了重要的角色,如封装树脂、磁介质基材、各种电缆、家电产品外壳和各种电器零件;交通工具是合成树脂消费的另一重要领域,在这一领域合成树脂已成为仅次于钢铁的第二大材料,随着汽车轻量化进程的加速,合成树脂在汽车中的应用将更广泛;农膜(棚膜和地膜)、塑料防渗、农作物喷灌和滴灌管等的应用使塑料成为实现农业现代化不可缺少的材料。

仔细观察一下我们生活的周围环境,合成树脂和塑料的应用无处不在。

2. 石油是如何变成塑料制品的

塑料工业包括树脂生产、塑料制备和塑料制品生产三个部分。

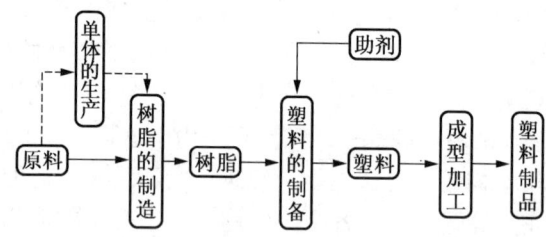

塑料生产过程

树脂的制造过程就是把许多小分子原料（单体）通过聚合反应连接起来变成高分子化合物。如按单体元素组成和结构变化来分，可将聚合反应分为加聚反应和缩聚反应。

单体加成而聚合起来的反应称加聚反应，如聚乙烯，把乙烯（单体）的双链打开，让每个乙烯分子"手拉手"就形成聚乙烯，其反应式为：

$$n\mathrm{CH_2=CH_2} \rightarrow \mathrm{(CH_2CH_2)}_n$$

式中的 n 表示由 n 个乙烯分子聚合起来。从中可以看出，加成反应的特点是聚合物的元素组成与原料单体相同。

缩聚反应是在反应过程中，除形成高聚物外，同时还产生水、醇、氨等低分子副产物，聚合物的组成与原料单体不一样，如己二胺与己二酸缩聚成聚酰胺66（尼龙66或聚己二酰己二胺）：

$$nH_2N(CH_2)_6NH_2 + nHOOC(CH_2)_4COOH \rightleftharpoons$$
$$H\text{—}[NH(CH_2)_6NHCO(CH_2)_4CO]_n\text{—}OH + (2n-1)H_2O$$

单体经过聚合反应后可得到分子量很大（一般为 10^4 ～ 10^6）的高分子聚合物，合成树脂就是一类高分子聚合物。树脂按受热后性质变化不同可分成两大类：一类叫热塑性树脂，另一类是热固性树脂。热塑性树脂受热后可软化、流动、能多次反复塑化成型，如聚乙烯、聚丙烯、聚苯乙烯、聚氯乙烯、聚酰胺、聚甲醛、聚碳酸酯、聚苯醚等；热固性树脂在加工前具有可溶、可熔的性质，但在加热、加压和固化剂的作用下可以固化成为不溶、不熔、不能再次加热软化的产品，酚醛树脂、脲醛树脂、环氧树脂、不饱和树脂等属于此类树脂。

树脂怎么变成塑料呢？当今社会对塑料制品提出了越来越高的要求，既要求性能好又要价格低廉，既要耐高温又要易加工，既要有好的刚性又要有好的抗冲性能等，如用单一的合成树脂制造塑料，在性能上很难同时满足多样化、高品质的要求。人们通常采用"改性"的方法，在合成树脂中加入各种各样的添加剂，就如同家里烹饪时要加入各种调料，使菜肴风味各异一样，改变性能使种类有限的单一树脂变成成千上万种具有各种优良性能的新型材料，从而满足不同领域、不同方面的要求。

塑料工业最后一步是塑料成型，是将塑料变成具有一定形状而又有使用价值的物件或定型材料。塑料成型过程大致如下：首先将聚合物粒料或粉料转变为可塑性的流动态，一般是通过加热熔融或配成溶液、乳液或糊，然后将流动的塑料充满模具型腔，或流延成膜，或经喷丝头喷丝等，成型后冷凝固化。对于纤维和薄膜还要经过拉伸取向、退火、淬火等后加工处理，以便达到稳定的制品形状和所要求的使用性能。从这里可以看出，树脂既可制成塑料制品，也可制成纤维。

3. 塑料是怎样成型的

塑料制品应用在众多场合，其功能各异、品种万千。塑料成型是将塑料转变为有用并能保持原有性能的制品。在塑料成型前，首先要确定制品的功能和性能指标，再选择合适的材料，进而决定成型加工工艺。

工业上用作成型的塑料有粉料、粒料和分散体等，一般都不是单纯的树脂，其中都加有各种添加剂，用以改善塑料制品的使用性能并降低成本。热塑性塑料与热固性塑料的加工方法差别很大，热塑性材料加工方法有：挤塑、压延、热成型、旋转成型、注射模塑、中空模塑及浇铸等。热固性塑料加工方法有：压缩和压注模塑、层压模塑、缠卷模塑和反应模塑。下面介绍几种主要的成型方法。

注射成型 注射成型是借助螺杆或柱塞的推力，将已塑化的塑料熔体以一定的压力和速率注入模具型腔内，经冷却固化后获得制品。注塑成型在整个塑料生产中占有重要地位，除少数几种塑料外，几乎所有塑料都可以注射成型。

随着注塑工艺的发展，注塑机向大型化、微型化、高速、高自动化和专用化的方向发展。采用微机控制后，塑料件尺寸误差可在 ±0.03% ~ ±0.05% 以下，配备了高精密注射模后可实现高精度塑料件的注塑。

挤出成型 挤出成型也称挤塑，它是在挤出成型机中通过加热、加压使物料以流动状态连续通过机头不同形状的口模来成型的，就像日常生活中用压面机一样，面团从压面机的一端压入，另一端就出来长长的面条。挤出成型几乎能加工所有的热塑性塑料和某些热固性塑料。挤出成型的制品有：实心型材、管类型材、板材、中空异型材、开式异型材、复合型材和镶嵌型材等。挤出成型在塑料成型加工中占有重要地位。它不但劳动生产效率高，而且挤出产品密实，只要更换机头就可以改变产品的断面形状，生产出各种制品。

中空吹塑成型 大多数的热塑性塑料都能用于吹塑制品，其中高密度聚乙烯使用最多。中空吹塑成型是在压缩空气作用下，使高弹态的熔融塑料型坯发生膨胀变型，然后经过冷却定型获得小口径的中孔制品。吹塑薄膜是塑料薄膜生产中采用最广泛的一种工艺，它就像小孩吹气球一样，熔融的塑料流经机头呈圆筒形薄管挤出，从机头中心吹入压缩空气，将薄管吹为直径较大的管状薄膜（俗称管泡），冷却后卷成制品。

旋转成型 也称回转或滚塑成型，是将定量的粉末树脂在模具中加热塑化，同时使模具旋转，借助树脂自身重力使之均匀分布于模具型腔表面，然后冷却、脱模得到制品。用该法制大型中空制品，如罐、槽和游船等比较经济。

泡沫塑料的模塑成型 泡沫塑料是指整体内含有无数微孔的塑料。最常用的塑料有聚氨酯、聚苯乙烯、聚氯乙烯、聚乙烯等。首先采用不同的发泡方法生产出泡沫塑料，然后再用注塑、挤出、模压和压延等成型方法加工成泡沫塑料制品。

塑料注射成型机

4. 农膜是聚乙烯薄膜的大用户

农膜

近年来，我国的市场上蔬菜品种应有尽有，即使在冬季也不乏鲜菜。这得归功于塑料大棚，而大棚所用的薄膜主要是聚乙烯。聚乙烯（PE）是目前合成树脂中产量最大的一个品种，占总的通用热塑性塑料消费量的44%，消费了世界上乙烯总产量的一半。

1933年英国首先在实验室研制出高压法聚乙烯，并于1942年实现工业化生产，其密度为0.915～0.925克／立方厘米，称为低密度聚乙烯（LDPE）。20世纪50年代，德国科学家齐格勒发明了有机金属催化剂（后命名为齐格勒催化剂），实现了乙烯在低压下聚合，比高压法生产的聚乙烯密度高，在0.940克／立方厘米以上，称为高密度聚乙烯（HDPE），并于1955年由德国实现工业化生产。20世纪70年代末80年代初用低

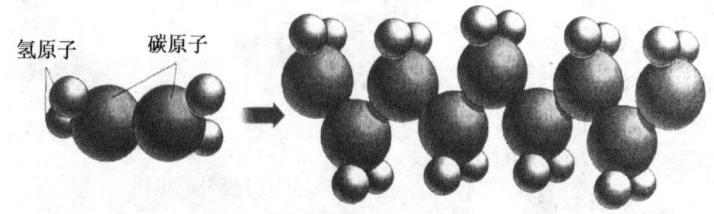

乙烯聚合示意图

压法生产的线性低密度聚乙烯（LLDPE）崛起，它的密度与低密度聚乙烯一样低。

聚乙烯有三种结构如图所示。低密度聚乙烯分子主链上每1000个碳原子中约带有20～30个乙基、丁基或更长的支链。支链结构的不规则性使低密度聚乙烯结晶性较差，密度低，有良好的化学稳定性、电绝缘性和柔软性，加工性能好，透明性好，但力学性能较差，它不透水，但透气。所以把金鱼放在盛水的聚乙烯薄膜袋中，口袋密封后，金鱼也不会憋死。高密度聚乙烯分子链为线型结构，支链少，平均每1000个碳原子含有几个支链。规整的链结构使高密度聚乙烯结晶性好，密度高，在化学稳定性、电绝缘性方面与低密度聚乙烯相似，但耐热性更好，硬度和机械强度较高，制成的容器可煮沸消毒。线性低密度聚乙烯与高密度聚乙烯有相似的线性结构，但线性低密度聚乙烯引入的少量α-烯烃使其分子链上形成一定长度的无规则分布的短支链，从而结晶性较差，熔点比低密度聚乙烯高10～15℃，耐热性和耐低温冲击性优良，机械性能比低密度聚乙烯好，强度相同时，线性低密度聚乙烯制品可以减薄。

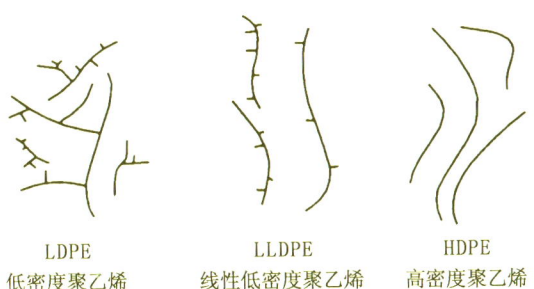

LDPE　　　　LLDPE　　　　HDPE
低密度聚乙烯　线性低密度聚乙烯　高密度聚乙烯

在聚合物中，由同种单体"手拉手"组成的大分子叫"均聚物"，而由两种或两种以上单体"手拉手"组成的大分子叫"共聚物"，共聚实际上也是聚合物改性的一种方法。如乙烯与丙烯共聚制成的二元乙丙橡胶，由于乙烯的加入，其密度只有 0.85～0.865 克/立方厘米，是橡胶中密度最低的一种产品。乙烯与乙酸乙烯的共聚物，简称 EVA。由于乙酸乙烯的加入，EVA 比聚乙烯更富有柔软性和弹性。这些共聚物既改善了聚乙烯的性能，也扩大了聚乙烯的应用领域。

聚乙烯具有优异的加工性能和使用性能，所以用途十分广泛。三种结构聚乙烯的用途如下：

（1）低密度聚乙烯的最大市场是薄膜，包装和非包装各占 50%；其次是挤出涂层，即将熔融的热塑性塑料以连续薄膜的形式复合到基体（纸、板、薄膜或金属箔）上，提供基体对水、气体及油脂的阻隔性。

（2）线性低密度聚乙烯最大的市场是薄膜和板材，其次是注塑制品和电线电缆。

（3）高密度聚乙烯产品中包装材料占 75%、建筑材料占 10%～15%，其余用于各种消费品和工业用品；用量最大的制品是各类瓶、桶、罐和包装袋，其次是片材、管材、包装箱、托盘及电线电缆等。

其中，农膜是聚乙烯薄膜用途中的大户。由于塑料薄膜具有透光率高、保温保湿性能好、成本低等优点，用它做的日光温室或拱棚，可以人工地造成适于农作物生长的"小气候"，达到农产品增产增收的目的。农用覆盖材料有地膜、棚膜。地膜（栽培膜）以单层低密度聚乙烯为主，要求它连续覆盖 150 天以上还能成大片状回收。一般厚度在 0.005～0.006 毫米之间的膜，每亩用量 3 千克；若厚度在 0.008 毫米，则每亩用量 4 千克。塑料棚膜有普通型、耐候型、无滴型、保温型等，要求扣棚 300 天以上不发生自然破坏。生产棚膜的主要原料是聚乙烯、聚氯乙烯或 EVA，其中聚乙烯的消耗量最大，其产品有聚乙烯棚膜、聚乙烯复合功能棚膜，还有黑色、银灰色、紫色、绿色等各种聚乙烯有色棚膜。

常用的食品塑料袋多为聚乙烯薄膜制成,该薄膜无毒,故可用于盛装食品。还有一种薄膜为聚氯乙烯制成,聚氯乙烯本身也无毒性,但根据薄膜的用途所加入的添加剂往往是对人体有害的物质,具有一定的毒性。所以聚氯乙烯薄膜及由该薄膜做的塑料袋均不宜用来盛装食品。如要鉴别聚氯乙烯塑料袋和聚乙烯塑料袋,可用下面简易法进行辨认。聚乙烯薄膜呈乳白色,半透明状,摸起来较润滑,好像表面上涂有蜡层,用力抖动声音发脆,遇火易燃,火焰黄色,燃烧时有黏液滴落,并有蜡烛燃烧时的气味。聚氯乙烯如不加色素为透明状,摸起来其表面有些发黏,用力抖动声音低沉,遇火不易燃烧,火焰呈绿色。

5. 您知道"防弹衣"是用什么材料做的吗

古代的武士所穿的盔甲是金属做的,早期的防弹衣也是用特殊的钢材制成,这些都过于笨重。近年来,出现了一种用塑料做成的、很柔软舒适的防弹衣,这种塑料叫做超高分子量聚乙烯。超高分子量聚乙烯(UHMWPE)在结构上与普通聚乙烯相同,但其分子量比一般聚乙烯要高得多,普通聚乙烯分子量为2万~3万,而超高分子量聚乙烯为200万以上,因此它有很多优良的性能。

超高分子量聚乙烯的特点,首先是它的耐磨性居塑料之首,比碳钢、黄铜还耐磨数倍;其次,它的冲击强度是现有塑料中最高的,即使在-70℃时仍有相当高的冲击强度;再次,它有很好的自润滑性能,能与聚四氟乙烯相媲美,与钢、铜配对时不易磨损；另外它的吸水率在工程塑料中是最小的，因此制品在潮湿环境中不会因吸水而使尺寸变化，同时也不会影响制品的精度和耐磨性等机械性能。从以上可以看出，其很多性能已超过了钢铁，在一定范围内能够起到"以塑代钢"的作用。

1953年德国用特殊的有机金属化合物作催化剂使乙烯在低温、低压下聚合获得高密度聚乙烯，到1957年，德国和美国都能采用低压法生产分子量在100万以上的超高分子量聚乙烯。现在，日本、德国生产的超高分子量聚乙烯的分子量早已达到600万以上，目前德国已生产出分子量高达1000万的超高分子量聚乙烯，它是一种新型的工程塑料。

由于超高分子量聚乙烯具有如此多的优良性能，已被广泛地应用于纺织、造纸、食品、化工、包装、农业、建筑、医疗、体育、军事等领域，其中在纺织机械上的应用是最早的。在造纸业中，用于造纸机的吸水箱盖板、刮水板等；在医疗和文化体育领域中，用来制作人体的人工髋关节的髋臼以及雪橇、旱冰场的地板等；在军事领域中，用于制作防弹衣及打靶牌罩等。

防弹衣要求能够有效地防护来自手枪和步枪发出的子弹。防弹衣的基本机理是把子弹的动能在防弹衣纱线的拉伸断裂中完全消耗掉。防弹衣是第二次世界大战后发展起来的，美国首先用尼龙和硬金属板研制防弹胸甲和防弹围裙。20世纪60年代，随着合成纤维工业的发展，出现了由芳纶织物取代金属制成的防弹头盔和防弹衣。此后，一种性能更好的材料被用作防弹装备，那就是超高分子量聚乙烯，

防弹背心

它为防弹装备开辟了历史新纪元。我国的武警部队也于1998年开始使用超高分子量聚乙烯制成的防弹头盔。

得益于超高分子量聚乙烯纤维的推广应用，笨重的金属材料防弹衣已被轻柔的非金属材料软体防弹衣所取代，使防弹衣的综合性能上了一个新台阶。

6. 聚丙烯为什么是合成树脂中发展最快的品种

1954年意大利科学家纳塔用齐格勒催化剂合成了聚丙烯（PP），1957年意大利蒙埃公司用其研究成果实现聚丙烯的工业化生产。

聚丙烯是合成树脂中发展最快的品种，目前产量已超过聚氯乙烯，是仅次于聚乙烯的第二大合成树脂。聚丙烯迅速发展的原因，首先是由于原料丰富，价格便宜，来自炼厂的副产或乙烯装置的联产品丙烯，只需精制即可作为聚丙烯的原料；其次是聚丙烯的综合性能好，用途广泛，与其他通用树脂相比，其相对密度较小（0.90～0.91），机械性能优良，表面光泽好，耐热性好，软化点高于高密度聚乙烯和ABS（丙烯腈—丁二烯—苯乙烯共聚物），可在120℃高温下使用，无毒、无味、耐水、耐大多数有机和无机化学物质等；再次是随着聚丙烯生产技术，特别是催化剂的不断改进，建设投资及生产成本相对较低。

聚丙烯分子链的每一个链节上都有一个侧甲基（$-CH_3$），大分子的空间排列可有如下几种方式：①各侧链基全部位于主链的一侧，称为等规聚丙烯；②各侧链基有规则地交替位于主链的两侧，称为间规聚丙烯；③各侧链基无序地分布在主链的两侧，称为无规聚丙烯。在聚丙烯工业产品中以等规聚丙烯为主，但其中会含有少量的无规物和间规物。

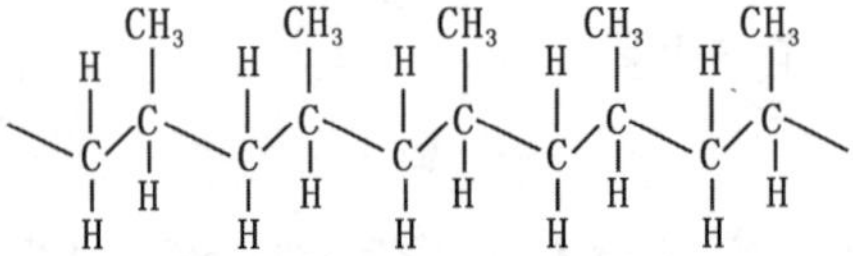

等规聚丙烯

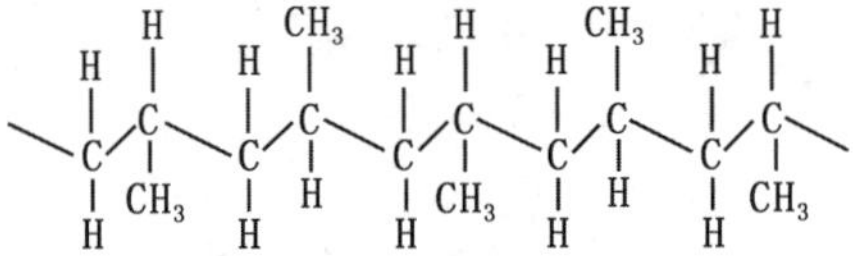

间规聚丙烯

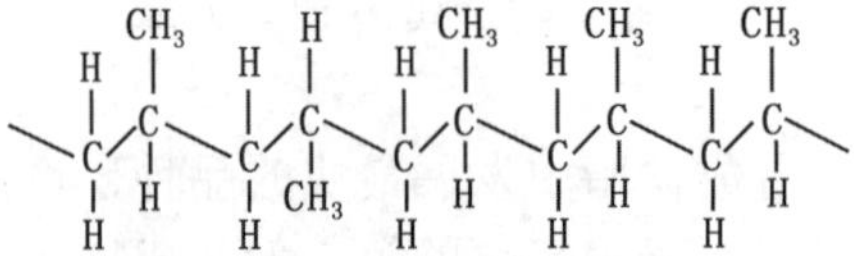

无规聚丙烯

聚丙烯有很多优点，但也有不足之处，为了改善其性能，开发了聚丙烯改性方法。

（1）共聚：在聚合时加入乙烯、氯乙烯、丙烯酸等单体共同反应，以改善其耐寒性和成型流动性；或与甲基丙烯酸甲酯、苯乙烯、醋酸乙烯进行接枝共聚，以改善其拉伸强度和冲击强度。

（2）共混：与其他热塑性树脂或弹性体共混，以改善聚丙烯的低温冲击性。

（3）填充增强：添加填充材料、增强材料及固体润滑剂等，以改善拉伸强度。

（4）加入添加剂：如添加抗氧剂提高聚丙烯的耐气候性，

添加阻燃剂降低易燃性，加成核剂以提高其透明性等。

通过上述各种方法可大大改善聚丙烯的某些性能，也扩大了聚丙烯的用途。

聚丙烯是一种热塑性塑料，可采用注塑、挤出、吹塑等方法加工成型，其制品广泛应用于包装、家具、汽车、电子电器等各个方面。

聚丙烯波纹管

如在包装方面做各种软质、半硬质和硬质包装材料，包括薄膜袋、编织袋、周转箱、瓶、桶、盒、罐以及大型容器等；在家具行业中大量用于注塑各类坐椅、酒柜、碗柜等；在汽车上主要用作取暖及通风系统零件，还可用于保险杠、方向盘等；在电子电器工业方面制造各种家电和电器设备的外壳以及洗衣机内筒等。此外，还可制成污水处理管、农用灌溉施肥管等各种用途的管材。

聚丙烯有一类薄膜叫做双向拉伸薄膜，简称为BOPP。所谓双向拉伸，即从挤出机出来的厚片，在纵拉机上作纵向拉伸，再在拉幅机内横向拉伸，将膜拉到所需的厚度，同时，在拉幅机内进行热稳定，使拉伸膜的结晶度增大并趋于稳定，以增加薄膜的强度。双向拉伸薄膜强度高、硬度高、透明性好并有一定的阻隔性。采用双向拉伸工艺，可以进一步降低缠绕一个货物所用的薄膜数量。在聚丙烯薄膜中，目前产量最大、用途最广的是食品和佐料包装，它在代替玻璃纸方面及作为复合薄膜基材方面发展

聚丙烯桶

速度很快。

聚丙烯还可做纤维和无纺布，用于服装、地毯、烟用丝束、土工布以及道路、桥梁、水库等的铺地基材。

7. 制造塑料门窗用的是什么材料

现在人们对家居比较讲究，有人喜欢用塑料做的门窗，塑料门窗一般是用聚氯乙烯为原料制成的。聚氯乙烯（PVC）是由氯乙烯单体聚合而成的一种通用型热塑性合成树脂。从1835年法国发现氯乙烯到1931年德国首次实现聚氯乙烯工业生产，经历了将近100年。在解决了聚氯乙烯增塑加工方法以后，聚氯乙烯很快发展成一种用途广泛的合成树脂。

最初，氯乙烯是以电石乙炔为原料的。随着石油化工的发展，于20世纪60年代初实现了从乙烯制氯乙烯过程的工业化。乙烯法较乙炔法生产氯乙烯的成本低得多，现在乙烯法已取代乙炔法。

聚氯乙烯原料来源丰富，制造工艺成熟、价格低廉，树脂适用性强，通过加入各种添加剂进行共混改性和采用各种成型加工方法制成的聚氯乙烯塑料制品，具有阻燃、耐化学腐蚀、力学性能和电性能好、二次加工方便等特点。目前，聚氯乙烯的产量占世界塑料总产量的20%以上，在合成树脂和塑料中仅次于聚乙烯和聚丙烯，居第三位。聚氯乙烯既可做硬塑料制品又可做软制品，做软制品时需加入一定比例的增塑剂。软制品主要是薄膜、人造革、发泡材料、电缆护套等；硬制品主要是管材、板材、瓶、各种型材、阀门、门窗等。主要的应用市场是建筑材料、包装材料、电子电器、汽车、家具及装饰材料等领域，其中以建筑材料为主，约占65%。

塑料门窗是以硬质聚氯乙烯树脂为主要原料,加入一定比例的稳定剂、改性剂、润滑剂、紫外线吸收剂等添加剂,经挤出加工成空腹多腔异型材;异型材再经过切割、焊接(或螺接)等工艺过程,加工成门窗的框、扇,再安装密封条、五金件和玻璃等组装成塑料门窗。为了弥补聚氯乙烯塑料异型材质的刚性不足,作为门窗框、扇、梃的主型材的腔室结构中,需安装增强型钢,故塑料门窗又称为塑钢门窗。

聚氯乙烯产品

塑料门窗最早是在德国开始生产的,至今已有几十年的历史。塑料门窗的应用和发展与木材资源短缺和节能有密切关系,在我国推广塑料门窗对于节约木材、节能、环保均有积极意义。

8. 泡沫塑料的原料——聚苯乙烯

目前市场上商品的包装大都离不开泡沫塑料，其中相当一部分是属于发泡聚苯乙烯树脂。苯乙烯系树脂包括苯乙烯单体均聚或与其他单体共聚所得的一系列树脂，它是通用型热塑性树脂的主要品种之一，按产量仅次于聚乙烯、聚丙烯、聚氯乙烯而居第四位。

聚苯乙烯（PS）早在1839年即由柏林的药剂师西蒙合成出来，但直至1930年才在德国实现工业化生产。

苯乙烯树脂发展初期，只生产均聚物，即通用聚苯乙烯（GPPS），它是苯乙烯单体简单的重复结构，其质硬而脆，机械强度不高，耐热性较差，易燃。为此，人们做了大量改进工作，研制出各种改性品种，从而形成了通用聚苯乙烯、高抗冲聚苯乙烯（HIPS）、可发性聚苯乙烯（EPS）、丙烯腈—苯乙烯共聚物（AS）和丙烯腈—丁二烯—苯乙烯共聚物（ABS）为代表品种的庞大的苯乙烯树脂系列。其中，ABS树脂是系列中发展最快的品种。

苯乙烯系树脂的用途很广。

通用聚苯乙烯 它是苯乙烯树脂中最基本的品种，具有透明、易染色、易加工、绝缘性好和不易变形等特点，广泛用于日用品、

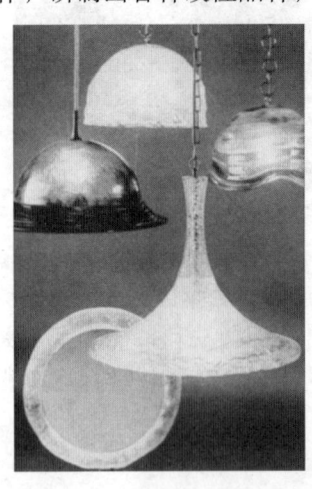

聚苯乙烯灯罩

文具、仪表外壳、电子电器零件等。

高抗冲聚苯乙烯 由于通用聚苯乙烯质脆而硬，要使其具有抗冲性能，最简便的方法是在通用聚苯乙烯中引入橡胶组分，从而制得高抗冲聚苯乙烯。高抗冲聚苯乙烯的主要用途有两方面，一是作包装材料，除了食品包装外，化妆品、日用品、机械仪表和文教用品方面用得也很多；二是由于它有较高的抗冲击强度，故大量用于家用电器外壳、电器配件、按钮、汽车零件、医疗设备附件、体育文娱用品等。

发泡聚苯乙烯 发泡聚苯乙烯是苯乙烯系树脂的重要品种之一，在世界泡沫塑料中产量占第二位，仅次于泡沫聚氨酯塑料。发泡聚苯乙烯最初应用于保温隔热，后来由于它的防震、美观和质轻等优点而被广泛用作包装材料，现在各种家用电器的包装箱中大多装有此类发泡聚苯乙烯做成的异形制品。

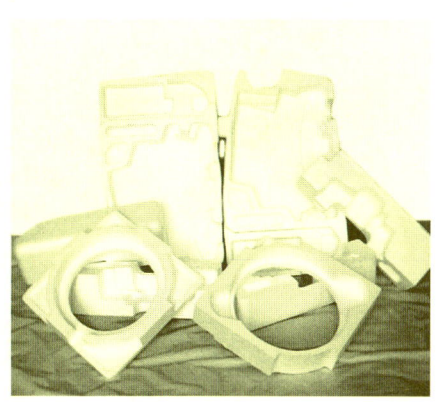

聚苯乙烯泡沫塑料

9．汽车工业离不开 ABS 树脂

随着人们生活水平的提高，小轿车已开始进入家庭。汽车里除了钢铁就是塑料，所以汽车工业的发展不仅带动了钢铁工业，同时它也促进了塑料工业的发展。汽车里用得最多的塑料是 ABS 树脂。ABS 树脂通常是指聚丁二烯橡胶与单体苯乙烯和丙烯腈的接枝共聚物，其中 A 代表丙烯腈，赋予树脂耐化学性和热稳定性；B 代表丁二烯，赋予树脂韧性和抗冲性；S 代表苯乙烯，赋予树脂刚性和易加工性，所以 ABS 树脂具有多种聚合物的特点，是一种性能优良的热塑性材料，广泛用于汽车工业、机械工业、电子电器工业、仪器仪表工业、纺织工业和建筑工业等。

ABS 塑料制品

ABS 树脂是在聚苯乙烯树脂改性的基础上发展起来的。早在 ABS 树脂出现以前，用丁苯橡胶和丁腈橡胶来改善聚苯乙烯的脆性，从而获得了抗冲聚苯乙烯，在这基础上，1947 年开发了用共混法制备的 ABS 树脂并实现了工业化。但这种产品易于老化，加工也较困难。1954 年开发了将丙烯腈和苯乙烯在聚丁二烯胶乳中进行接枝聚合，制得了接枝型 ABS 树脂，并实现了工业化，其热流动性和抗低温冲击性能比共混型 ABS 树脂优越，而且易加工。20 世纪 70 年代是 ABS 树脂大发展时期，先后开发成功了多种工艺，其中乳液接枝掺混法是目前最常用的生产方法。

ABS 接枝主干胶乳有聚丁二烯、丁苯胶乳等。接枝主干就像一棵大树的树干，苯乙烯、丙烯腈就像树枝一样的被

接枝到主干胶乳上，形成聚合物乳液。接枝胶乳经凝聚、洗涤、干燥后就成为 ABS 接枝粉。将 ABS 接枝粉与苯乙烯和丙烯腈的共聚体混在一起进行机械搅拌，同时还加入各种添加剂，然后在挤压机中加热、塑炼，就可以得到 ABS 树脂熔体，再经过冷却成条和切粒，即可作为成品 ABS 树脂出售了。

为满足 ABS 树脂在不同领域对其性能的不同要求，人们通过调整聚合方式、工艺条件、单体配比以及橡胶的结构参数等因素，使 ABS 树脂的品种多样化。ABS 树脂按其抗冲击强度可分成超高冲击型、高冲击型、中冲击型等；按其成型加工则分有注射、挤出、压延、真空、吹塑等品级；依据其用途和性能的特点，可进一步细分为通用、耐热、电镀、阻燃、透明、抗静电、挤板、管材等十个品种，其中通用型注射级 ABS 树脂市场容量最大。

ABS 树脂的最大应用领域是汽车和电子电器。由于 ABS 树脂具有的耐热性及抗冲性等优点，在汽车的许多部位上都有应用。

（1）汽车仪表板是汽车上重要的功能件和装饰件，其形状很复杂，上面有很多安装仪表用的孔和洞。若用钢板来做，不仅成本高，而且还需要经过剪切、冲压、钻孔、喷漆等十余道工序，而用 ABS 树脂制造，只需一次注塑或吹塑即可成型，其优点十分明显。

（2）汽车塑料化的难点之一是车身外板的塑料化。车身外板包括前后挡泥板、隔板（门和外壳）和面板等，其用量最大，它比汽车内装件的要求高，材料不仅要有优异的抗冲击强度，而且要有足够的耐热性、刚性并且能承受装配线上 140～160℃ 的烤漆温度而不变形。ABS 树脂和工程塑料的合金具有优良的耐热性、耐冲击性和刚性，可用于汽车挡泥板、车身、车门和前护面板等。

四、合成树脂篇

(3) 汽车内饰件对汽车的舒适性和安全性起着重要作用，现代汽车内饰板大多为整体成型，外观豪华，一般都选用 ABS 塑料。

10. 有机玻璃用处多

丙烯酸酯类透明塑料一般是指聚甲基丙烯酸甲酯（PMMA），俗称有机玻璃。它在塑料中透明度最佳，透射率高达 92%～93%，可透过可见光 99%，紫外线 73%，相对密度较小，不易碎裂，具有突出的耐候性和耐老化性，现已成为国民经济和国防建设不可缺少的重要透明材料之一。

1937 年英国首先实现了甲基丙烯酸甲酯（MMA）的工业化，随后原苏联和美国研制并生产了航空有机玻璃用于制造飞机座舱盖。同样，有机玻璃在日常生活和工业制品中用途也十分广泛。

甲基丙烯酸甲酯的聚合物和共聚物产品，均属热塑性塑料，可制成板材、棒材、管材、块状等。有机玻璃板材是甲基丙烯酸甲酯单体本体聚合的典型产品。它的生产工艺通常是在甲基丙烯酸甲酯单体中加入引发剂、增塑剂、脱模剂、链转移剂等添加剂，均匀混合后进行预聚合。由于甲基丙烯酸甲酯聚合物可以溶解在甲基丙烯酸甲酯单体中，随着

有机玻璃制品

聚合反应的进行，反应液的黏度越来越大，但仍为均一体系。将具有一定黏度的浆液，倒入已制好的模具中，在一定温度下进一步聚合，待聚合结束时，聚合物已基本固化，再经过处理，便可得到有机玻璃板材。由于在制造过程中没有溶剂和稀释剂存在，可以得到分子量很高和质量纯净的产品。如果在制造过程中加入不同的染料或颜料，就可以制成彩色透明、彩色半透明、彩色不透明等各种彩色有机玻璃。

有机玻璃具有抗冲击性，使用安全，在国防上主要用于飞机驾驶舱盖及舷窗玻璃，在建筑上可用作窗玻璃。有机玻璃还可用作水族馆的海底隧道，它可承受40米高的水压。有机玻璃可做光学透镜及眼镜，用有机玻璃浇注的板材经表面涂覆耐磨涂层处理后，可直接作为眼镜镜片，它具有质量轻、安全性强等特点，使用者日趋增多。有机玻璃还可用于塑料光导纤维、汽车尾灯、摩托车前风挡和头盔玻璃、广告牌和广告灯箱、陈列橱窗和文物保护玻璃以及绘画底材等。

11. 现代运动场的跑道是用什么做的

我国将于2008年在北京举办29届奥林匹克运动会，届时各个运动场地都得符合国际赛事的要求，所用的跑道需用塑料铺覆，这种塑料叫做聚氨酯。聚氨酯是聚氨基甲酸酯的简称，是一种具有软段和硬段相嵌结构的共聚物。硬段由氨基甲酸酯组分构成，软段由长链聚醚或聚酯组分构成，通过改变软、硬段的化学结构、比例等手段可以得到不同性能的从柔软弹性体到刚性塑料的材料。聚氨酯具有优异的耐磨性、低温弹性、高强度、耐油、耐臭氧、耐辐射以及优秀的隔音性、隔热性和绝缘性等。它容易按多种方式进行加工，可做成泡沫塑料、涂料、黏合剂、弹性纤维、人造革、橡胶、热塑性弹性体等，在汽车、建筑、包装、家具、制鞋、电子电器、医用、机械、航空、农业、日用轻工等各方面均有广泛的应用。

聚氨酯工业大致已有 60 年历史。1939 年德国人首次合成了聚氨酯，20 世纪 40 年代末出现了聚氨酯制品。1952 年聚酯型聚氨酯软质泡沫塑料问世。1957 年开发了聚酯型硬质聚氨酯泡沫塑料。20 世纪 60 年代，开发了聚氨酯弹性体，70—80 年代出现了采用反应注射成型工艺加工的聚氨酯成型零部件并用于全塑型汽车。此后，一方面更加注重环保，另一方面进行聚氨酯分子设计并利用各种添加剂开发出多种高性能产品。60 余年来，聚氨酯工业已从过去小规模生产的"精细"产品发展成为仅次于聚乙烯、聚丙烯、聚氯乙烯、聚苯乙烯的通用合成材料。

聚氨酯泡沫塑料占聚氨酯产品总量的 50% 以上，包括软质泡沫塑料（软泡）、硬质泡沫塑料（硬泡）、自结皮泡沫塑料等。

软质泡沫塑料的泡孔是敞开的，具有一定的柔软度、透气性和一定的抗负荷及改变形状的能力，其发泡气体主要来自水与异氰酸酯反应放出的 CO_2（化学发泡剂），也可利用泡沫反应热使外发泡剂气化而作为气源。软质泡沫塑料可分为普通软质泡沫塑料和高回弹泡沫塑料，后者更适用于各种家具、床垫和车辆的坐垫。

硬质泡沫塑料的泡孔中约 90% 为闭孔结构，是一种性能优良的绝缘材料和结构材料。硬质泡沫塑料的发泡剂以往采用氟氯烃，是一种臭氧消耗物质，能破坏大气臭氧层，对全球气候产生不利影响。近 30 年来氟氯烃的替代工作一直在进行，并取得了进展。硬质泡沫塑料具有强度高、重量轻、绝热效果好、施工方便等优点,其中一类作为绝热材料用于冰箱和冷柜,另一类则用于制作家具、运动器材等。

自结皮泡沫塑料在发泡时,发泡剂在靠近模具的制品表面凝结,使该处的泡沫比其内心密度大得多,形成具有一定厚度的表皮。用此法可制出整皮聚氨酯部件,故又称整皮泡沫。

聚氨酯加工成弹性体时不仅具有优良的综合性能,而且还有非常突出的特性,如很高的强度和伸长率,优异的耐磨性等,其应用领域非常广泛。聚氨酯弹性体的典型用途之一就是做鞋底,它是一种微孔型弹性材料,穿着轻便、柔性好、绝热、耐磨和耐屈挠,而且特别光亮,目前还很难找到如此优良的其他材料。聚氨酯弹性体还非常适宜做运动场地和跑道的铺地材料。用聚氨酯铺设的运动场地和跑道具有弹性好、耐磨、防滑、色彩美丽、场地清洁易于管理、不受气候条件影响等优点,我国不少体育场已铺设了聚氨酯跑道。

塑胶跑道

12. 不饱和聚酯树脂可以做人造大理石和人造玛瑙

当您看到光滑美观的人造大理石和晶莹剔透的人造玛瑙时，可能想不到它们是一类以不饱和聚酯树脂为原料的塑料制品。不饱和聚酯树脂是指分子链上有不饱和键（如双键）的聚酯高分子。不饱和聚酯树脂在固化前是线型或支化型高分子，其分子量一般为 1000～3000。这些高分子和交联单体反应形成复杂的网状高分子。固化的聚酯大多是不均匀的连续的网状高分子材料。

与酚醛树脂相比，不饱和聚酯树脂的历史相对较短。18 世纪中叶到 19 世纪 30 年代是不饱和聚酯树脂的早期阶段，产品主要用做涂料。20 世纪 30 年代以后到第二次世界大战，不饱和聚酯树脂作为一种新型的材料得到应用，1941 年开始用于浇铸模塑，1942 年以后，出现了聚酯玻璃钢即玻璃纤维增强聚酯。当时，用不饱和聚酯树脂制作的雷达罩具有质量轻、强度高、透微波性好、制造方便等优点，迅速用于战争。二次大战后，不饱和聚酯树脂迅速推广，开始由军用转向民用，如用玻璃钢做船身，用不饱和聚酯树脂生产"珍珠"纽扣、人造大理石、人造玛瑙、地板及路面覆盖材料等。目前聚酯玻璃钢中聚酯消耗量占聚酯总消耗量的 70%～80%，玻璃钢制品主要用于造船业（制交通艇、机帆艇、救生器材等）、运输器材（汽车、飞机、火车等）和建材方面（波形板、浴盆、化工耐腐蚀设备等)。其他方面的消耗量所占比重虽不大,但应用面很广,如耐腐蚀的地板、铸造纽扣、无溶剂的聚酯清漆、陶瓷或铸铁排水管的密封、聚酯腻子以及胶泥等。

不饱和聚酯树脂的原料主要是二元酸和二元醇。生产过程分两步:第一步,使二元酸和二元醇在反应釜中缩聚成为一种可溶、可熔的聚酯;第二步,将此聚酯送入稀释罐与交联单体(苯乙烯)混合均匀,形成网状三维结构的巨大分子,过滤后即得成品。尽管不饱和聚酯树脂品种、牌号甚多,但生产过程大致相似,其主要差别在于所选用的原料单体不同,混合酸中不饱和酸的含量不同,或投料方式不同,由此合成具有不同性质、不同品牌的不饱和聚酯树脂。

早在20世纪30年代就出现了"人造大理石"和"人造玛瑙"。制造"人造大理石"和"人造玛瑙"的主要材料就是不饱和聚酯树脂和矿物填料,还有颜料、引发剂等。一般人造大理石中树脂含量为22%～27%;人造玛瑙要求树脂高度透明,树脂含量约为29%～35%;人造大理石一般用石灰石即碳酸钙为填料,而人造玛瑙用三水合氧化铝作填料。也可将玻璃微珠或空心微珠添加到填料中,以减轻所制造浴缸重量。

"人造大理石"和"人造玛瑙"的制造工艺分为四个阶段。

(1) 模具准备:一般采用表面光洁度高的钢制模具,使用前要用蜡质脱模剂在模具表面均匀涂覆。

(2) 胶衣涂覆:在模具表面涂覆胶衣树脂,以使"人造大理石"和"人造玛瑙"表面光泽美丽并不易受水分、阳光、化学介质的影响而老化与侵蚀,胶衣常采用高性能的不饱和聚酯树脂。

(3) 基体浇铸:按各种产品、牌号要求,将树脂、引发

剂、填料、颜料进行混合后浇铸到模具中，并用振动器连续振动，排出模具中的气泡，凝固后脱模。

（4）制品的后固化：一般来说，制品脱模后的强度只能达到最大强度的50%左右，其完全固化需要几周，甚至几个月。假如人造大理石的浴盆或洗脸池出厂时尚未充分固化，在使用时仍处于继续固化过程中，则容易变形、开裂，影响使用寿命。

13. "万能胶"是用什么材料制成的

很多人都用过"万能胶"来黏合或修补各种物件，它可以黏得非常牢固，效果相当不错，这种胶是用环氧树脂制成的。环氧树脂是大分子主链上含有醚键和仲醇键，同时两端含有环氧基团的一类聚合物的总称。它是由环氧氯丙烷和双酚A或多元醇、多元酚、多元酸、多元胺经缩聚反应而得到的产品。未固化前的环氧树脂是一种线性热塑性树脂。分子量大小不同，可以从液态到固态。环氧树脂的分子链中含有很多活性基团，可在各种固化剂的作用下，交联成为网状体型结构的固体，即成为一种热固性树脂。

环氧树脂于1930年首次由瑞士的科学家卡斯坦和英国的格雷利合成，1947年在美国实现了双酚A型环氧树脂的工业化生产。随着经济发展的需要，20世纪60年代中期至70年代中期出现了很多品种，目前还在继续发展。

环氧树脂品种繁多可分为双酚A型环氧树脂、双酚S型环氧树脂、双酚F型环氧树脂、酚醛环氧树脂、不饱和环氧树脂等，其中产量最大，用途最广的是双酚A型环氧树脂。它具有优良的黏接性、电绝缘性、耐热性和化学稳定性，其收缩率小、吸水率小、机械强度好。环氧树脂的主要用途是作涂料（占总消费量的45%～55%），其次是电绝缘材料、增强材料和胶黏剂等。其他类型的环氧树脂品种也多，而且都具有独特的性能，如黏度低、耐热性好，可在200℃以上的温度长期使用、机械强度高、延伸率大、耐水和耐辐照等，这些都是为特殊的用途而发展起来的。

双酚A环氧树脂有低分子量（软化点小于50℃）、中等分子量（软化点50～95℃）和高分子量（软化点大于100℃）三种。

低分子量的环氧树脂多用于塑料工业，可用浇铸、模塑、层合和发泡等加工方法成型。浇铸多用于电子、电器设备和零件的包封和封装，可以减轻重量，缩小体积；模塑以陶土、石英、云母、石墨粉和玻璃纤维增强，用传递模塑法成型，以硅油为脱模剂，制作不易受压的电子产品；层合系用环氧树脂浸渍纤维后，于150℃和1.27～1.37兆帕压力下成型，环氧树脂层压材料主要用作化工用管道和容器，汽车、船舶和飞机的零部件及运动器材等。

高分子量的环氧树脂用于涂料工业，主要用于以金属为对象的船舶和钢铁结构的保护涂层，还可作为阳离子电泳涂料的调漆料，大量用作汽车车身的底漆，其耐化学性和耐碱性均优于酚醛树脂涂料和聚酯涂料。

环氧树脂素有"万能胶"之称，广泛用于各种物质如建筑材料、飞机及导弹零件、电子电器零件等的黏结。

环氧树脂还可用作纺织整理剂、建筑隔热材料及装饰材料等，在尖端科技和军事领域中也有其广泛的应用。

14. 尼龙也是一种用途广泛的工程塑料

大家对尼龙并不生疏，知道它是一种合成纤维，其实它也是一种性能优良、用途广泛的工程塑料。尼龙的学名是聚酰胺树脂，它是大分子主链重复单元中含有酰胺基团的高聚物的总称，是最先发现的能承受载荷的热塑性塑料，也是五大工程塑料中产量最大、品种最多、用途最广的。其品种主要有尼龙6、尼龙66、尼龙610及尼龙1010等。尼龙的命名是以其原料所含的碳原子为依据，如尼龙6是由含有6个碳原子的己内酰胺自身聚合而得名，尼龙66由含6个碳原子的己二酸与含6个碳原子的己二胺合成的己二酸己二胺盐（亦称尼龙66盐）缩聚而成，尼龙610是由含6个碳原子的己二酸与含有10个碳原子的癸二酸缩聚而成等等。其中以尼龙6、尼龙66产量最大，约占尼龙总产量的90%以上。尼龙1010是用蓖麻油生产的我国开发的品种。由于尼龙具有优良的机械性能和耐磨性，在100℃左右的温度下使用，有自润滑性及较好的耐腐蚀性、耐油性等，因此广泛用作机械、化学及电器零件。

1939年美国实现了尼龙66的工业化，同年德国开发了尼龙6的工业化技术，1941年美国又开发出尼龙610，法国生产出尼龙11，1961年我国开发出尼龙1010的生产技术。随着生产技术的发展，各种尼龙树脂相继问世。与此同时，改性尼龙研究也取得了迅速发展，赋予尼龙高强度、耐热、耐低温，实现产品的高性能化和高功能化，使尼龙由十几个

基本品种衍生出千余个以上的改性品牌,大大拓展了它的应用领域。

生产尼龙6工业上主要采用水解连续聚合法,它包括单体的聚合、萃取、干燥、单体回收四大工序。尼龙66是由己二酸和己二胺缩聚而成,为保证己二酸和己二胺的质量比例,一般先制成尼龙盐后再进行缩聚反应。

尼龙加工有注塑、挤出、吹塑和浇塑四种方法。工程塑料件的生产主要是注塑,其次是挤出成型。

汽车工业是聚酰胺工程塑料最大的消费市场。尼龙具有较好的耐热性,可以经受汽车发动机运转等产生的高温以及环境的温度变化;有优良的耐油性,可以经受汽车上使用的汽油和润滑油;耐化学品腐蚀,不受汽车冷却液、蓄电池液等的腐蚀;尼龙具有较高强度,是汽车发动机、传动部件及受力结构部件的理想材料。在铁路运输业,尼龙工程塑料主要用作铁路路轨枕垫绝缘垫片、铁轨槽板、电气讯号装置、机车转向器、电路接线柱等部件。尼龙工程塑料在电气、电子工业方面的应用开发较早,至今仍方兴未艾,主要用于空调、彩电、程控交换机、复印机、小型变压器等部件,计算机的线圈骨架、接插件、接线柱、高压包、转动轮、移动电话外壳、电气电源装置的高低压开关、继电器外壳等。此外,尼龙工程塑料还用于机械工业、包装工业、体育健身机械等。

15. "塑料王"聚四氟乙烯与"不粘锅"有什么关系

为了烹饪方便,不少家庭已用上了"不粘锅",但是不一定清楚锅里涂的是一层什么材料。实际上，这层材料就是号称"塑料王"的聚四氟乙烯，其商品名为特氟纶（Teflon）。聚四氟乙烯是氟树脂中产量和消费量最大的一个品种，简称PTFE。氟树脂是指碳链上的氢原子全部或部分被氟原子取代的一类树脂，其取代度不同性能上会有所差异。全部被氟原子取代的氟树脂，如聚四氟乙烯，具有最佳的耐热性和耐化学性，显示了独特的不粘性和润滑性。

1938年美国发现了聚四氟乙烯，此后为了军事目的，开始了含氟高分子材料的研究开发工作，1945年率先投入工业生产，二战后进一步推广到民用，并在世界各国相继工业化。随着用途的开拓和需要的增加，其产量不断扩大，目前，氟树脂已形成了一个完整的产品系列。

聚四氟乙烯由四氟乙烯单体聚合而成，主要有悬浮聚合和乳液聚合两种生产方法。聚合方法的选择取决于产物的用途和加工成型工艺。

聚四氟乙烯的熔体黏度极高，通常只能采用金属粉末冶金的方法，即模压成型坯再烧结成型，也可采用挤压成型、等压成型或分散液涂覆以及焊接、黏接、机械加工、喷涂等二次加工。

聚四氟乙烯耐腐蚀性极好，因而在防腐领域用得最多，应用面最广；电性能优异，在电子电气工业中用作绝缘材料；摩擦系数小、耐热性好，可在机械工业中做耐磨材料、滑动部件。聚四氟乙烯可以代替金属制成轴承，它转动起来很灵活，发热量很小，不必添加润滑油，而且在-200～350℃的温度范围内都能很好地工作。人们还对聚四氟乙烯进行了改性，使它具有"生物相容性"，可制成各种人体医疗器件和人体器官的替代品，如心脏补片、人造动脉血管、人工气管等。

此外，聚四氟乙烯具有独特的耐腐蚀性和耐老化性，其化学稳定性优于各种合成聚合物以及玻璃、陶瓷、不锈钢、特种合金、贵金属等材料，甚至连能溶解金、铂的"王水"（一体积浓硝酸与三体积盐酸混合而成的无色液体）也难以腐蚀它，用它做的制品放在室外，任凭日晒雨淋，二三十年都毫无损伤，因而被美誉为"塑料王"。

"不粘锅"的问世，给人们的生活带来很大的方便，采用"不粘锅"后，人们不必为煮肉时一不小心烧糊了锅或者煎鱼时鱼皮黏在锅壁上而担心。因为这种不粘锅是在普通锅的内表面涂了一层聚四氟乙烯，利用聚四氟乙烯优异的热性能、化学性能和易清洁性能，制成的"不粘锅"不会黏结食品，因而深受大家的欢迎。但聚四氟乙烯加热至415℃后开始缓慢分解，分解生成的气体有毒，所以在使用不粘锅时不能干烧，温度必须保持在250℃以下才是安全的。

16. 制造光盘的原料是什么

在现今的信息时代，光盘作为信息的载体，已成为人们在工作和生活中天天见面的好朋友。这些光盘基本都是用聚碳酸酯做成的。聚碳酸酯简称PC，是主链上含有碳酸酯官能团 ($-O-\overset{\overset{O}{\|}}{C}-O-$) 的聚合物的总称。它虽有多个品种，但从原料成本、制品性能及加工条件等多方面来综合考虑，只有芳香族聚碳酸酯才有工业价值，其中，尤以双酚A型聚碳酸酯最为重要。聚碳酸酯是一种无定形透明热塑性工程塑料，它具有突出的抗冲击性、透明性、尺寸稳定性、优良的机械性能和电绝缘性以及较宽的使用温度（-100～130℃），这些是其他工程塑料无法比拟的，因而在国民经济各个领域得到了广泛应用，尤其在光盘的生产上，发展速度惊人。

人们开展聚碳酸酯的研究工作已有120多年的历史，直到

1953年,西德才首先获得了具有实用价值的热塑性高熔点线形聚碳酸酯,并于1958年实现了中等规模的双酚A型聚碳酸酯工业化生产。此后,日本、英国、美国等都纷纷加入了生产聚碳酸酯的行列。

双酚A聚碳酸酯的主要生产方法有光气法和酯交换法两种。光气法是用光气使双酚A羰基化并进一步缩聚制成聚碳酸酯的方法。酯交换法是用与双酚A进行酯交换得到的低聚物,再进一步缩聚得到聚碳酸酯产品。光气具有剧毒,采用酯交换法以取代光气法是一大改进,不仅有利于环保,产品质量也进一步提高,适合于高附加值产品(如光盘)的应用,从而大大推动了聚碳酸酯生产的发展。

聚碳酸酯树脂的成型方法有注塑、挤出、吹塑等。因为它的综合性能优良,长期以来主要用于要求高透明性和高冲击强度的领域。在汽车制造业中,聚碳酸酯可用于生产汽车前灯、侧灯、尾灯、镜面、透镜、车窗玻璃、内外装饰件、仪表板等。聚碳酸酯可以代替玻璃和金属,制作大型灯罩、防爆玻璃以及飞机、车、船的挡风玻璃或透明外壳。聚碳酸酯板材,特别是中空板,可用作公路的隔音板、阳光板、警察用盾牌等。在电子电器行业中,由于聚碳酸酯是优良的绝缘材料,可作低压电柜的接线座、各种绝缘接插件、绝缘套管、电视机和摄像机的零部件等。

生产光盘是聚碳酸酯的主要用途之一。全世界用于光盘的聚碳酸酯消费量占聚碳酸酯总消费量的10%,聚碳酸酯光盘

已超过光盘总量的50%以上,近几年光盘级聚碳酸酯特别引人注目。CD、DVD等信息媒体迅速发展,促进了性能优异的新品种聚碳酸酯的发展。光盘的加工对原料和加工设备均有严格的要求,须采用专用

的注塑机以及独立的控制系统进行生产。

17. 聚甲醛——耐疲劳性最优秀的热塑性材料

聚甲醛简称POM，是一种没有侧链的线型聚合物，它的分子链主要由碳—氧（C—O）键构成。聚甲醛具有很高的硬度和刚度，耐磨性也很好。聚甲醛在化学结构上可分为均聚和共聚两种。

1959年美国首先实现了均聚甲醛的工业化生产，并于1962年推出了共聚甲醛产品。由于聚甲醛综合性能优良、加工方便，原料来源充足，工业化以后很快成为工程塑料的重要品种。聚甲醛是以CH_2O单元为基本链节的大分子，无论是均聚还是共聚，聚合物大分子的末端均有羟基（−OH）存在，因而产物不稳定。为了解决这个问题以制得稳定的聚合物，人们差不多用了半个世纪，因而可以说聚甲醛是资金密集和技术密集的产品。

聚甲醛的特点是耐磨、耐疲劳、耐化学性以及电绝缘性能优异，制品的刚性、弹性和尺寸稳定性都很好，特别适合做要求精密配合的零部件。在工程塑料中，可用作铜、锌、铝的代用品，是汽车、机械和电子产品中必不可少的重要材料。聚甲醛可用一般的热塑性塑料成型方法加工，如注塑、挤出、吹塑、喷涂等，其中注塑是主要的加工方法。汽车工业是世界上聚甲醛消费的最大用户，聚甲醛在汽车工业中用来制造汽车泵、输油管、动力阀、万向节轴承、马达齿轮、把手、汽车窗升降机械装置等。在电子电气、家用电器领域里可用来制造插

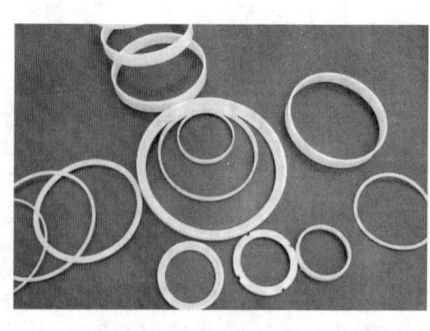

聚甲醛密封圈

头、开关、按钮、继电器、电子计算机外壳以及电视机、洗衣机的各种零部件。在机械工业方面广泛用做密封圈、齿轮、驱动轴、阀门、轴承、凸轮、叶轮等。在精密仪器方面可用来制造钟表、照相机和其他精密仪器的零件。在兵器工业中用共聚甲醛做迫击炮的弹带、步枪击发结构中的零件等。

18．饮料瓶是用什么材料做的

原先，各种饮料都是用玻璃瓶盛装的，近年来已基本被塑料瓶所取代。生产塑料瓶的材料大多为聚酯。热塑性聚酯是由饱和的二元酸和二元醇通过缩聚反应制得的线性聚合物。不同种类的二元酸和二元醇，可以合成许多种热塑性聚酯，但其中最主要的产品是聚对苯二甲酸丁二酯（PBT）和聚对苯二甲酸乙二酯（PET）。

PBT 最早由德国科学家于 1942 年研制成功，之后在美国进行工业化开发，于 1970 年以 30% 玻璃纤维增强的 PBT 塑料投放市场。PBT 是通用工程塑料中工业化最晚而发展速度最快的一个品种，之所以成为工程塑料的后起之秀，首先在于它具有优良的综合性能，其次，PBT 的生产方法与 PET 基本相同，可以利用 PET 成熟的生产工艺，投产便利，投资费用也较低。

PET 则是英国首先于 1941 年合成的，1953 年在美国实现了工业化生产。初期，PET 几乎都用于生产合成纤维，俗称涤纶或的确良。纯 PET 树脂呈脆性，不能用作工程塑料，直到 1966 年日本采用玻璃纤维增强 PET 后，才使 PET 进入了工程塑料的行列，但仍有成型时所需温度高、周期长、加工性能不理想等问题。在其后的发展中，于 20 世纪 80 年代有了突破性的进展，克服了抗冲击强度低等缺点，从而使 PET 与 PBT 一起成为五大工程塑料之一。

PET 树脂的合成有以对苯二甲酸二甲酯为原料的酯交换—缩聚法（简称酯化法）和以对苯二甲酸为原料的直接酯化—缩聚法（简称直接酯化法），目前主要采用直接酯化法。

聚酯树脂虽有许多优点，但单独使用尚有不足之处，大都需经过改性才能充分发挥其特性，拓宽其应用范围。如纯 PBT 工程塑料热变形温度不高，但 PBT 与 ABS 的混合物经玻璃纤维增强改性后热变形温度可达 200℃。

PBT 的成型加工大多采用注塑法；二次加工有涂装、黏结、超声波熔接、攻丝及其他机械加工等多种方法。用它制作电子电器、汽车、机械设备以及精密仪器的零部件，可以取代铜、锌、铝及铁铸件等金属材料和酚醛树脂、醇酸树脂等热固性塑料以及一些热塑性工程塑料。加入 10%～30% 玻璃纤维改性后的 PBT 耐热性可提高到 160～180℃，长期使用温度为 135℃。用作电子电器零部件时，具有优良的耐焊锡性以及高温下的尺寸稳定性。增强 PBT 在加入阻燃剂后，阻燃性均可达到标准。

PET 树脂的加工成型方法有注塑、挤出、挤出吹塑等，它主要用于纤维，但其他方面的应用也越来越多。由于 PET 材料具有强度大、重量轻，透明度好、气密性好、无臭无味、无毒和耐酸碱等优良性能，很适合做包装材料，再加上可再生利用的优点，因而近年来广泛用于生产碳酸饮料瓶、矿泉水瓶及其他包装容器。PET薄膜主要用于电气绝缘材料，如电容器、电缆绝缘、印刷电路布线基材等。它的另一个应用领域是制成片状或带状，如电影胶片、X光片、磁带以及食品、药物、茶叶等包装材料。PET薄膜还可进行真空镀铝（或锌、银、铜等）以制成金属化薄膜，如金银线、微型电容器薄膜等。

19. 聚苯醚的介电性能居工程塑料之首

聚苯醚树脂简称PPO，1964年在美国首先实现工业化生产。合成聚苯醚树脂的单体是2,6-二甲基苯酚，目前工业上大都采用均相溶液连续聚合法，以铜胺络合物作催化剂进行生产。

聚苯醚树脂具有优良的机械性能、耐热性能和电气绝缘性能，其吸湿性低、强度高、尺寸稳定性好。但是纯聚苯醚树脂需要在300℃的高温下加工，制品容易发生开裂，疲劳强度较低，价格也较高。目前，实际使用的主要是后来开发出来的改性聚苯醚。

改性聚苯醚是用聚苯醚通过在反应器内共混或配料挤出机共混方法生产的，它于1966年首先实现工业化。最初是将聚苯醚与聚苯乙烯共混进行改性，后来发展到与高抗冲聚苯乙烯、可发性聚苯乙烯、ABS、聚酰胺、聚烯烃、聚酯等共混以及与玻璃纤维增强剂、矿物填料、阻燃剂、抗冲改性剂等掺混以进一步改进其性能，并以此发展出多种新的改性聚苯醚工业材料。改性聚苯醚与聚苯醚一样可通过注塑、挤

出等工艺加工成各种制品。改性聚苯醚材料硬而韧,硬度比聚酰胺、聚甲醛、聚碳酸酯高;在常态或潮湿条件下,尺寸稳定性好;在很宽的频率、温度、湿度范围内电气性能稳定;在80~170℃较高的温度范围内耐蒸煮性强,可以经受反复的蒸汽消毒等。所以改性聚苯醚在电子电气、家用电器、输送机器、汽车、仪器仪表、办公设备、纺织等工业部门得到广泛应用。

历史地看,由于改性聚苯醚的开发成功促进了聚苯醚树脂的发展,使之迅速成为五大通用工程塑料之一。

20.什么叫功能高分子

在了解功能高分子以前,先把材料的"性能"与材料的"功能"两者的定义区别一下。材料的性能是指材料受外界影响时,材料本身能承受的能力,如通常所谓的耐水性、耐热性、透光性、耐化学品性等;材料的功能是指当对材料输入某个"信号"时,材料本身会发生质和量的变化而具有某种优异的物理性能,如能导电、导磁等。

所谓功能高分子是指具有某些特定功能的高分子材料。它们之所以具有特定的功能,是由于在其大分子链中结合了特定的功能基团,或大分子与具有特定功能的其他材料进行了复合,或者二者兼而有之。例如吸水树脂,它是由水溶性高分子通过适度交联而制得,遇水时将水封闭在高分子的网络内,吸水后呈透明凝胶,因而产生吸水和保水的功能。

功能高分子材料从20世纪50年代才初露端倪,到70年代方成为高分子学科的一个分支,目前正处于成长时期。功能高分子材料从功能上大致可分为四类:第一类是化学功能,包括离子交换、催化、光聚合、光分解、光降解等；第二类是物理功能，包括导电、热电、压电、超导、磁化、光弹性等；第三类是介于化学、物理之间的功能，包括吸附、膜分离、高吸水、表面活性等；第四类是生理功能，包括生理组织适应性、血液适应性等。下面列举几种日常生活中可能遇到的功能高分子材料制品。

例一，离子交换树脂。一般家庭用水壶烧水，隔不久，水壶底上覆盖了一层水垢，那是因为在自来水中的钙、镁离子，在高温下会生成碳酸钙、硫酸钙、氢氧化镁和硅酸镁等难溶化合物，并沉积在壶底而形成水垢。同样，在工业锅炉中也存在这种结垢现象。所以进入锅炉的原水必须除去钙、镁离子，这个过程称为水的软化。原水软化是采用钠型离子交换树脂，它是在聚苯乙烯树脂的苯环上引入磺酸基团制成的，此种树脂具有交换钙、镁离子的功能，也就是一种功能高分子材料。

当原水经过离子交换树脂层时，水中的钙、镁离子和树脂上的钠离子进行交换，这样水中的钙、镁离子就被除去了，使水质得到软化。被钙、镁离子饱和的树脂再经氯化钠溶液再生，钠离子把树脂上的钙、镁离子交换下去，树脂就可以反复使用了。

例二，感光性高分子材料。感光性高分子材料是指吸收光能后可导致体系内或分子间产生化学或物理变化并由此带来可利用的特定功能的塑料，如在光线照射下液态变成不溶性的固态，称为光固化或光交联；如在光线照射下，其导电性会起变化的，称为光导性；光线照射会使高分子结构中的链段降解的，称为光降解等。感光塑料广泛用于照相、印刷、静电复印、电子工业等。

在印刷行业中，采用光聚合型感光性树脂，经光固化、显影后可制成凸版印刷的材料。它们的成像原理均是光聚板在紫

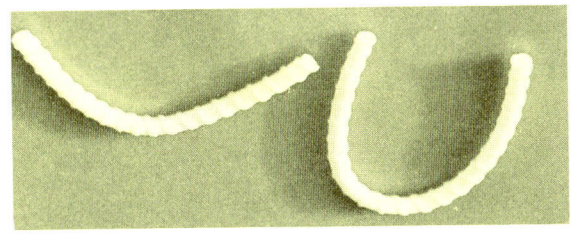

人造血管

外线的照射下,受光部分的高分子基材成为不溶或难溶部分,而未受光部分仍保持其原有的溶解度,然后用一定的溶剂或碱水冲洗去,留下受光部分即成为浮雕型印刷版。

例三,医用高分子材料。现代医学的发展对材料的性能提出了复杂、严格、多功能的要求,这对于大多数金属和无机材料来说是难以满足的。合成材料虽然不是万能的,但它们与生物体有着极其相似的化学结构,因此可以制造出化学性质和物理性质类似的物体,部分或全部替代生物体的有关组织或器官,如人工心脏、人工血管、人工皮肤、人工晶体等。

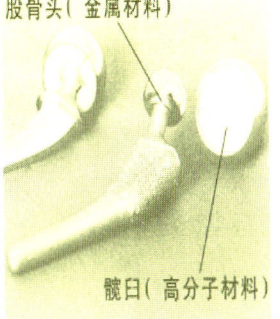

人工关节是人体器官及组织移植中最成功的一种,人工髋关节分人工股骨头和人工髋臼两部分,股骨头采用高强度的钛或钴铬钼合金制成,髋臼用超高分子量聚乙烯制成,并以骨水泥黏合在骨盆上,这种金属—塑料人工髋关节的耐磨性相当好,已被普遍采用。

21. "尿不湿"与吸水树脂

水在自然界分布很广，占到地球表面积的 3/4，地层和大气中以及动、植物和人体内都含有大量的水。农业上需要水来灌溉，工业上更离不开水。水可以为人类造福，也会给人类带来灾难，水的取得、保存、利用和排除，与我们的生活、生产及工作关系十分密切。吸水材料能起到吸水、保水、储湿的作用。

日常生活中我们用的脱脂棉、卫生纸、毛巾、海绵及尿布等，都是天然的吸水或吸湿物质，只是它们的吸水能力很小，只能吸自身的几倍到十几倍的水。尤其是它们吸水以后，一加压就会脱水，其保水能力很差，远远不能满足人们的要求。

20 世纪 60 年代，美国开发出淀粉接枝丙烯腈，此产品具有优越的吸水能力，吸水后即使加压也不脱水，它率先用于土壤改良、保水抗旱、育种保苗等方面。1978 年日本由于担忧丙烯腈单体残留在聚合物中有毒、不安全，开发了淀粉—丙烯酸接枝共聚物，并于 1979 年投产，用于制造生理卫生材料。与此同时其他国家也开展了以纤维素、天然化合物、合成聚合物为原料的吸水树脂研究。进入 20 世纪 80 年代，又开发出吸水性复合材料，改善了吸水树脂的耐盐性、吸水速度，使吸水树脂得到迅速发展。目前，吸水树脂有淀粉系、纤维素系、聚丙烯酸系、聚乙烯醇系等几类，吸水量可达其本身重量的几百倍至上千倍。

吸水树脂为什么会吸水呢？那是因为吸水树脂是亲水高分子化合物通过交联形成一种三维网络结构，它不溶于水，由于在它们的分子链上存在大量的亲水性功能基团（多半是羟基），能吸收大量水，吸水膨胀后形成高含水的凝胶，吸水后，

无论加多大压力也不脱水,所以也可以称为保水剂。

吸水树脂用途极广,在农林园艺业中可用来改良土壤和沙漠、作土壤保墒剂、苗木移植保水剂和植物生育和生长促进剂;在医药卫生方面除生理卫生用品外,还可作绷带、纱布等;在建筑材料方面可作止水、隔水材料;在工业上可作透水膜的材料,分离水和有机溶剂;在美容化妆品中作保湿剂等,但目前吸水树脂的80%~90%用于卫生材料,其中90%以上用于尿布、卫生巾等。

"尿不湿"(我国纸尿布的商品名)是怎么发展起来的呢?第二次世界大战期间,布和洗涤剂明显不足,用薄纸制成的纸尿布在瑞典诞生了。作为纸襁褓的吸水材料是用絮状的木材纸浆做的,由于欧美国家有丰富的木材资源,所以在这些国家婴儿纸襁褓的发展速度很快。20世纪70年代末日本开始少量生产吸水树脂,并将它放入生理棉和纸尿布中。80年代初,吸水树脂大量生产,价格大大下降,与同样成本的絮状纸浆比,其吸收尿液量更大,因而很快得到了普及。

22. 种类繁多、作用奇妙的塑料添加剂

塑料具有重量轻、耐腐蚀、强度高、电性能优异、加工容易等优点,由它制成的各种外观美丽、色彩鲜艳的制品,已经成为人们衣、食、住、行中必不可少的重要材料。然而塑料也不是十全十美的,如有些塑料太脆,有些易燃,有些容易起静电等等,因而必须加入各种各样的添加剂(也称助剂)来改善塑料的相关性能。

伴随着塑料工业的兴起，作为塑料加工必不可少的添加剂必然同步发展，已成为一个品种繁多而颇具规模的精细化工行业。现在每年塑料添加剂的消耗量约为塑料消耗量的11%左右。塑料添加剂的品种很多，下面介绍其中几种主要的类型。

抗氧剂 抗氧剂是一种能够抑止或延缓自动氧化反应的化学添加剂。塑料在加工、贮藏和使用过程中，在光、热和氧的作用下，会褪色（泛黄）、失重、变得不透明、粉化和表面开裂等，这种现象叫做老化现象。随着塑料的老化，制品将失去其使用价值。

抗氧剂总量的80%用于聚丙烯、聚乙烯和聚苯乙烯三大类聚合物。

增塑剂 增塑剂是一种加入到材料（塑料、树脂）中以改进它的加工性、柔软性、拉伸性的物质。

聚氯乙烯是在解决了增塑加工后，才发展成一种用途广泛的合成树脂。增塑剂用于聚氯乙烯的量占整个增塑剂消耗量的80%。

稳定剂 光稳定剂是一种能够抑制光诱导而引起降解反应的化合物。通常是指那些仅使塑料稍褪色或根本不褪色的有机物或金属有机化合物。几乎75%的光稳定剂用于聚烯烃树脂，其中用于聚丙烯的光稳定剂量等于各类聚乙烯树脂用光稳定剂量的总和，可见，光稳定剂对聚丙烯具有特殊重要的意义。

金属减活剂 金属减活剂是一种能够与具有催化活性的金属形成无活性或几乎无活性的化合物。其中螯合剂能与金属形成具有很高热稳定性的金属络合物。金属减活剂主要用于以聚烯烃作为绝缘材料的通讯电线中。

润滑剂 润滑剂是一种可以在使用温度下减少制品部件表面间摩擦阻力的化合物，这种添加剂对聚乙烯膜特别重要。

抗冲改性剂 抗冲改性剂是一种提高塑料韧性的高分子材料。一般添加高分子抗冲改性剂来提高热塑性塑料的抗冲击性。目前，在世界塑料添加剂市场中，抗冲改性剂约占15%，其中90%用于硬质聚氯乙烯制品。

聚氯乙烯的抗冲改性剂有氯化聚乙烯、ABS、MBS（甲基丙烯酸甲酯／丁二烯／苯乙烯三元共聚物）等；聚丙烯的抗冲击改性剂有乙丙橡胶。

填料和增强材料 填料是一种固体添加物，在组成和结构上与塑料基体不同，加入聚合物中以增加体积，改善其性能，降低成本，通常是无机物；增强填料是用于改善聚合物的某些力学和物理性能的材料，如提高材料的拉伸强度等。填料和增强材料有碳酸盐、玻璃纤维、氢氧化铝等。

着色剂 着色剂顾名思义是一种赋予塑料以色彩的染料或颜料。颜料对塑料工业的意义更大，不但有一般颜料，而且有荧光、珠光等装饰颜料。在塑料工业中常把颜料预先加到与所加工塑料有良好相容性的另一树脂（载色体）中制成"浓色料"或"色母料"。以色母料代替颜料，可达到色泽均匀、牢固的效果，并且操作时无粉尘等污染问题。

阻燃剂 阻燃剂是一种能阻止燃烧、降低燃烧速度或提高着火点的化合物。由于塑料是富含碳和氢的有机材料，因而是可燃性的，在使用中一定要用阻燃剂使之满足阻燃的要求。

抗静电剂 抗静电剂是一种降低聚合物带电能力的化合物。由于塑料是绝缘材料，在与其他材料接触时，会发生电荷的转移而产生静电，这样塑料制品就极易吸附灰尘，所以必须在加工时加入抗静电剂。

发泡剂 发泡剂是一种能够通过化学反应放出气体，使聚合物本体产生泡沫状结构的化合物。泡沫塑料就是用发泡剂生产的塑料。

正确掌握各种塑料添加剂的特点、使用范围及添加量就能生产出美观、耐用的塑料制品。

23. 怎样治理"白色污染"

塑料以惊人的速度替代着传统材料，目前塑料已与钢铁、木材、水泥构成现代工业的四大基础材料。塑料的广泛应用降低了能耗，保护了森林，节省了耕地，对人类与环境的协调起了很大作用，但随之而来也给环境带来意想不到的影响。被抛弃的废旧塑料包装袋、农膜、塑料制品，到处可见。待到刮风天气，天空中会飘着、树枝上也会挂着这些白色塑料袋。这些废弃物在自然条件下很难自然分解，对环境造成严重污染，"白色污染"就是这样引起的。

废旧塑料引起环境污染，已受到广泛的关注和责难。有些国家已提出限制、甚至禁止使用塑料盒和塑料袋。如美国早在1990年就在部分地区限制使用聚苯乙烯快餐盒，近年来我国也采取了同样措施；又如爱尔兰政府已开始征收塑料袋税，并鼓励用可降解材料代替塑料袋等。但时至今日，塑料包装仍以高于5%的速度发展，而许多其他材料仅以2%～3%的速度增长，其原因就在于塑料作为包装材料，有其他材料无法替代的优点。客观的需要,使塑料包装仍在责难中继续发展。尽管如此，各国在解决废旧塑料处理及回收利用问题上的努力一直没有中断。

随着工业的发展，社会的进步，对城市垃圾开发了不少处理方法。发达国家先是采用填埋和简单焚烧的办法来处理废塑料，但由于占地太多以及带来二次污染，这两种方法都不能从根本上解决废塑料污染的问题。20 世纪 80 年代末，发达国家针对包括塑料在内的垃圾资源回收利用问题，提出发展"3R"体系，即 Reduction（减少用量）、Recycle（回收循环）、Reuse（重复使用）。减少用量是指提高产品质量，使薄膜减薄，塑料制品薄壁化，而性能仍与过去的产品一样。最近又提出在塑料制品设计时，就应该考虑使用后的回收利用问题，如日本丰田汽车，相当于其车重的 90% 材料都是可以回收利用的。

废塑料的回收是再利用的基础，回收的难度在于其数量大、分布广、品种多，而且许多塑料与城市垃圾混在一起。目前，国外在废塑料回收方面已积累不少经验，他们把废塑料回收作为一项系统工程来做，要求政府、企业、居民共同参与。美国和欧洲各国均强制企业在包装用塑料制品上印刷上塑料名称，并强制居民分类存放，便于回收；市场销售带包装的商品时，先返回旧包装或先征收包装钱款，把这笔钱用于废塑料回收。德国在全国设立 300 多个塑料制品分类网点，各网点统一将塑料制品分为瓶、薄膜、杯、聚苯乙烯发泡制品及其他制品，并有统一颜色标志。日本采用回收管理小循环体系，即厂家负责回收自己产品的废旧物（如包装），并再利用于自己产品之中，这样不但能确保产品性能，也可减少流通环节。

利用回收的废旧塑料时，首先要将它们进行分类，有塑料材料标志的可用人工分类，或可利用塑料的密度、溶解度等性质不同进行分类。分类后的废塑料可选用物理方法、化学方法、热能再生法或发酵法进行再生利用。

物理方法是将废塑料粉碎、造粒并直接使用或与其他聚合物混合后使用。化学方法是使废旧塑料通过化学反应转化为低分子化合物，生产出液体燃料、燃料气等产品，试验中甚至还能回收到乙烯。热能再生是利用塑料燃烧放出的大量热量，它的发热量相当于煤和石油，而且不含硫，灰分少，燃烧速度快。

进入21世纪后，环境保护和废弃资源的再生利用，将是衡量一个国家发展水平最重要的标志之一。

石油与衣食住行——石油炼制与化工

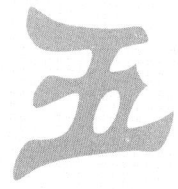

合成纤维篇

1. 什么是纤维和纺织纤维

通常人们把长度比其直径大很多倍，并具有一定柔软性的纤细物质称为纤维。例如一根棉花丝，它的长度比直径大很多倍，具有一定的韧性，并且很柔软，因此棉花就是一种纤维。

人们又将能够纺纱、织布，经过一系列加工可以做成纺织品的纤维称为纺织纤维。纺织纤维的长度与直径之比一般大于 1000：1。自古以来，除了裘和革以外，几乎所有的衣料都是纺织品。19 世纪以前，供纺织应用的纤维全部是天然纤维。天然纤维的种类很多，长期大量被纺织应用的有棉、麻、毛、丝四种。19 世纪末，化学纤维开始作为商品生产，成为纺织纤维的一种。随着时间的推移和化学纤维的迅速发展，化学纤维已经成为纺织纤维的重要组成部分。目前，全世界化学纤维供应纺织用量已经超过纺织用纤维总量的 50%，而且其比例还在进一步增长。2000 年中国化纤消费量已占全国纺织纤维总量的 60%。随着化学纤维科学技术的不断发展，纳米材料的应用，纺织纤维将会越来越丰富。

纤维的分类见下表。

天然纤维	植物纤维	种子纤维——棉 韧皮纤维——麻、剑麻、亚麻 叶纤维——新西兰麻 其他纤维——芦苇、甘蔗
	动物纤维	蚕丝、毛
	矿物纤维	石棉

续表

化学纤维	再生纤维	纤维素纤维——黏胶纤维、铜氨纤维 纤维素酯纤维——醋酸纤维
化学纤维	合成纤维	聚酯纤维（涤纶） 聚酰胺纤维（锦纶 6、锦纶 66） 聚丙烯腈纤维（腈纶） 聚乙烯醇纤维（维纶） 聚丙烯纤维（丙纶） 聚氨酯纤维（氨纶） 聚氯乙烯纤维（氯纶）
	无机纤维	玻璃纤维 碳纤维、石墨纤维 金属纤维

2. 我国为什么要大力发展化学纤维

化学纤维中有一类是再生纤维，它是以天然高分子化合物为原料，经化学处理和机械加工制得的纤维，主要产品有再生纤维素纤维和纤维素酯纤维；还有一类是合成纤维，它们主要是以石油和天然气为原料，经过一系列化学反应，合成高分子化合物，再进一步加工而制得的纤维。

我国的化纤工业起步晚于工业发达国家 20 几年，主要是解放后发展起来的，到 1965 年我国的化纤年产量仅为 5 万吨。随着我国石油、天然气工业的发展，20 世纪七八十年代我国集中人力、财力、物力开始发展以石油及天然气为基础原料的合成纤维工业，先后建成了一批大型的化纤联合企业。在大型化纤联合企业的带动下,中小型化纤企业得到了发展,在全国各地区、各部门的通力合作下,我国化纤工业得到了快速发展。

1982年我国化纤的产量超过了50万吨,1986年突破100万吨大关,跃居世界第四位,1992年突破200万吨,1998年全国化纤产量达到510万吨,超过美国跃居世界首位,成为世界上最大的化纤生产国。

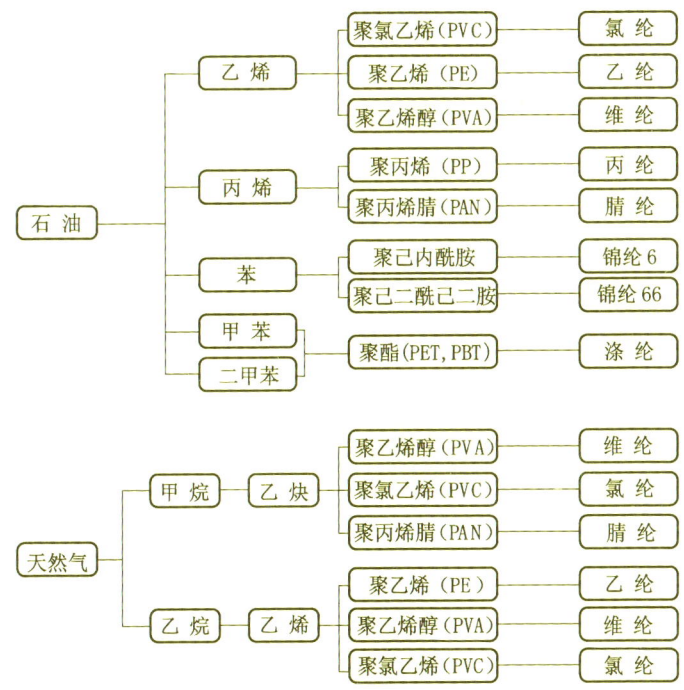

我国大力发展化纤工业的特殊意义是什么呢?只要算一笔账就可以得出结论。以2000年我国化纤产量694万吨为基础来计算,按每亩棉田平均产棉50千克计,694万吨化纤相当于1.39亿亩棉花产量,如果这些棉田改种粮食,每亩产粮按400千克计,可产粮556亿千克,按人均年消费粮食200千

克计，可满足 2.78 亿人的粮食消费。

对于我国具有 13 亿人口的人口大国来讲，人口占世界人口的 1/4，而人均土地仅占世界的 1/7，人多地少的矛盾十分突出。随着人口的增加、工业的发展以及退耕还林、退耕还草等，可耕农田还将有所减少。因此，发展化纤、节约棉田、扩大粮食种植面积，满足人民日益增长的需要，解决人民穿衣吃饭，在我国发展化纤具有十分特殊的重要意义。

3. 您知道有关化学纤维的一些术语吗

谈到化学纤维时难免要涉及一些专用的术语，这里就向您一一解释。

线密度（通常称纤度） 线密度是表示纤维粗细的法定单位，其名称为特［克斯］，符号为 tex，其 1/10 称为分特［克斯］，符号为 dtex。1000 米长的纤维重量的克数，即为该纤维的特数。

断裂强度 指纤维在连续增加负荷的作用下，直至断裂时所能承受的最大负荷与纤维的线密度之比。单位为牛［顿］/特［克斯］（N/tex）、厘牛［顿］/分特［克斯］（cN/dtex）。断裂强度是反映纤维质量的一项重要指标，断裂强度高，纤维在加工过程中不易断头、绕辊，最终制成的纱线和织物的牢度也高。但断裂强度太高，纤维刚性增加，手感变硬。

断裂伸长率 指纤维在受负荷的作用下伸长至断裂时的长度比原来长度增加的百分数。

断裂伸长率是决定纤维加工条件及其制品使用性能的重

要指标之一。断裂伸长率大的纤维手感比较柔软,在纺织加工时可以缓冲所受到的力,毛丝、断头较少。但断裂伸长率也不能过大,否则织物易变形。普通纤维的断裂伸长率在10%~30%范围内较合适。对于工业用强力丝,则一般要求断裂强度高、断裂伸长率低,使其最终产品不易变形。

短纤维 化学纤维的产品被切成几厘米至几十厘米的长度,这种长度的纤维称为短纤维。

根据切断长度的不同,纤维可分为棉型、毛型及中长型短纤维。

棉型短纤维:长度为25~38毫米,纤维较细,线密度在1.3~1.7分特,类似棉花,主要用于与棉混纺。例如:用棉型聚酯纤维(涤纶)与棉混纺,得到的织物称为涤棉织物。

毛型纤维:长度为70~150毫米,纤维较粗,线密度在3.3~7.7分特,类似羊毛,主要用于与羊毛混纺。例如:用涤纶毛型短纤维与羊毛混纺得到的织物称为毛涤织物。

中长纤维:纤维的长度为51~76毫米,纤维的线密度为2.2~3.3分特,介于棉型和毛型之间,主要用于织造中长纤维织物。

在化学纤维的生产中,根据纤维的特点,有些品种(如锦纶)以生产长丝为主,有些品种(如腈纶)以生产短纤维为主,有些品种(如涤纶)的长丝和短纤维比例较接近。

长丝 在化学纤维的制造过程中,纺丝流体(熔体或溶液)经纺丝成形及后加工工序后,得到长度以千米计的纤维称为长丝。长丝包括单丝、复丝和帘子线。

单丝:原指用单孔喷丝板纺制而成的一根连续的单纤维,但在实用中,往往也包括3~6孔喷丝板纺成的3~6根单纤维组成的少孔丝。较粗的合成纤维单丝(直径0.8~2mm)

称为鬃丝,用作绳索、毛刷、日用网带、渔网和工业滤布,细的锦纶单丝用作透明女袜或其他高级针织品。

复丝:由数十根单纤维组成的丝束。化学纤维复丝一般由 8～100 根单丝组成。绝大多数的织物都是采用复丝织造,因为由多根单纤维组成的复丝比同样直径的单丝柔韧性好。

帘子线:由一百多根到几百根单纤维组成,用于制造轮胎帘子布的丝束,俗称帘子线。

4. 化学纤维是怎样纺丝成形的

化学纤维的纺丝成形,是将可以形成纤维的高聚物熔体或浓溶液,用计量泵连续、定量而均匀地从喷丝板的毛细孔(孔径一般为 0.004～1.0 毫米)中挤出而成为液态细流,再在空气、水或特定的凝固浴中固化成为初生纤维的过程称为"纤维成形"或称"纺丝",这是化学纤维生产过程中的核心工序。调节纺丝工艺条件,可以改变纤维结构和物理机械性能。

化学纤维的纺丝方法,通常广泛采用的有熔融纺丝、湿法纺丝及干法纺丝三种。

熔融纺丝 将可以形成纤维的高聚物熔体送至纺丝机的纺丝箱体中的各纺丝部位,经计量泵送到纺丝组件,再经海砂或金属砂过滤后从喷丝板小孔(孔数从几个到几千个)中压出而

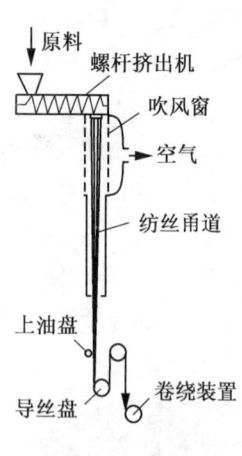

熔融纺丝示意图

成细流，在纺丝甬道（立式的管状套筒）中冷却成形。初生纤维被卷绕成一定形状的卷装（对于长丝）或均匀落入盛丝桶中（对于短纤维）。

由于熔体细流在空气介质中冷却，传热和丝束固化速度快，而丝束运动所受阻力很小，因此熔融纺丝的纺丝速度要比湿法纺丝高得多。目前，熔融纺丝一般纺速为 1000～2000 米／分，采用高速纺丝时，纺速可达 3000～6000 米／分。为了加速冷却固化过程，一般在细流离开喷丝板后与丝束垂直方向进行冷却吹风。目前采用熔融纺丝的主要有涤纶、锦纶和丙纶。

湿法纺丝　纺丝溶液经过混合、过滤和脱泡等纺前准备后，送至纺丝机。经过计量泵、烛形滤器、鹅颈管进入喷丝头，从喷丝头毛细孔(孔数从几千到几万个，最多已达到10万以上)中挤出的溶液细流进入凝固浴，溶液细流中的溶剂向凝固浴中扩散，浴中的凝固剂向细流内部扩散，于是高聚物在凝固浴中析出而形成初生纤维。因为湿法纺丝的成形过程比较复杂，其纺丝的速度受溶剂和凝固剂的双扩散及凝固浴的流动阻力等因素限制，所以纺丝速度比熔融纺丝低得多，一般每分钟只有几十米。目前，腈纶、维纶、氯纶、氨纶和黏胶多采用湿法纺丝法。

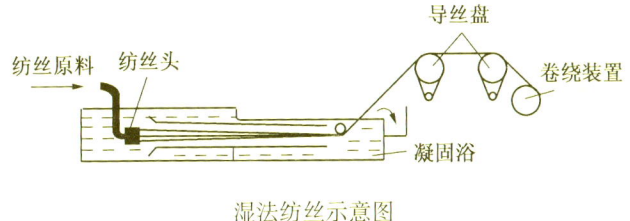

湿法纺丝示意图

干法纺丝　干法纺丝时，从喷丝板毛细孔中挤出的纺丝

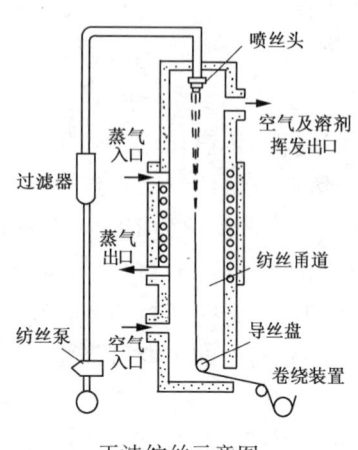

干法纺丝示意图

溶液不进入凝固浴,而进入纺丝甬道。通过甬道中热气体(空气或氮气)的作用,使溶液细流中的溶剂快速挥发,并被热气体带走,溶液细流在逐渐脱去溶剂的同时发生浓缩和固化,并在卷绕张力的作用下伸长变细而成为初生纤维。

目前,干法纺丝速度一般为 200～500 米/分,高者可达 1000～1500 米/分,但由于受溶剂挥发速度的限制,干法纺丝速度还是比熔融纺丝低。干法纺丝生产的主要品种有腈纶、醋酯纤维、氯纶、氨纶等。

5. 化学纤维在纺丝后为什么还要进行后加工

纺丝成形后得到的初生纤维其结构还不稳定,物理机械性能较差,如伸长度大、强度低、尺寸不稳定等,因此还不能直接用于纺丝加工,必须经过一系列后加工。后加工随化学纤维品种、纺丝方法对产品要求的不同而不同,其中主要的工序是拉伸和热定型。

什么是拉伸呢?拉伸是靠前后两个(组)辊子的速度不同来将丝抽长。拉伸的目的是使纤维的断裂强度提高,降低断裂伸长率,提高耐磨性和对各种不同形变的疲劳强度。一般熔融纺丝纤维的总拉伸倍数为 3～7 倍；湿法纺丝纤维可达 8～12 倍；生产高强度纤维时，拉伸倍数更高，甚至达数十倍。

热定型的目的是消除纤维的内应力，提高纤维的尺寸稳定性，并进一步改善其物理机械性能。随着热定型的方式和工艺条件的改变，所得纤维的结构和性能也不同。

在化学纤维生产中，无论是纺丝还是后加工都需要进行上油，上油的目的是提高纤维的平滑性和柔软性，减少摩擦和静电的产生，改善化学纤维的纺织加工性能。不同品种和规格的纤维需采用不同的专用油剂。

除上述主要工序外，在湿法纺丝和用直接纺丝法生产的锦纶后处理过程中，都设有水洗工序，以除去附着在纤维上的凝固剂和溶剂及混在纤维中的单体及机械杂质等。在短纤维的生产中需进行卷曲和切断，在生产长丝时，需要进行加捻，加捻的目的是使复丝中的单纤维能紧密地抱在一起，避免在纺织加工时发生断头和紊乱现象，并使纤维的断裂强度提高。生产弹力丝时需进行变形加工。生产网络丝时，在长丝后加工设备上加装网络喷嘴，经喷射气体的作用，单丝互相缠结而呈周期性网络点，以提高其纺织加工性能，免去上浆、退浆，代替加捻和并捻，提高纺织效率，降低生产成本。随着合成纤维工业生产技术的发展，纺丝和后加工技术已从间歇式的多道工序发

五、合成纤维篇

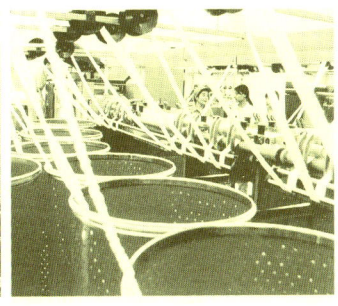

化学纤维纺丝后加工

展为连续、高速一步法的联合工艺,如聚酯全拉伸丝可在纺丝—牵伸联合机上生产。而利用超高速纺丝(纺速5500米/分以上)生产的全取向丝则不需后加工,可直接用作纺织原料。

6. 您知道怎样鉴别化学纤维吗

纤维的鉴别就是利用各种纤维的外观形态和内在性质的差异,采用物理和化学等方法将其区别开来。纤维鉴别通常采用的方法有显微镜法、燃烧法、溶解法、着色法、熔点法等。对一般纤维,用上述方法就可以比较准确、方便地进行鉴别。但对组成结构比较复杂的纤维,如共混纤维等,则需借助适当仪器进行鉴别。

对于一般的纤维消费群体,在商场和家庭不具备鉴别纤维用的设备和仪器的情况下,用燃烧法鉴别纤维是简便易行的。燃烧法鉴别纤维是根据不同纤维的燃烧特性来鉴别纤维的方法。燃烧特性包括燃烧速度、火焰的颜色、燃烧时发出的气味、燃烧后灰烬的颜色、形状和硬度等。

各种纤维的燃烧性能及特点见下表。

纤维名称	燃烧情况	气味	灰烬
棉、麻黏胶纤维	靠近火焰时不缩不熔,迅速燃烧,火焰呈黄色,离开火焰后继续燃烧	有烧纸气味	少量呈灰白色或浅灰色灰烬
羊毛	靠近火焰时收缩不熔,接触火焰时徐徐冒烟起泡并燃烧,离开火焰时继续缓慢燃烧,有时自行熄灭	有烧毛发臭味	灰烬少,黑色块状,质脆,用手一压即碎

续表

纤维名称	燃 烧 情 况	气 味	灰 烬
蚕丝	靠近火焰时收缩不熔,接触火焰时徐徐冒烟起泡并燃烧,离开火焰时继续缓慢燃烧,有时自行熄灭	有烧毛发臭味	易碎的黑褐色小球
涤纶	靠近火焰时收缩熔化,接触火焰时熔融燃烧,火焰很亮,无烟,呈黄白色,离开火焰时继续燃烧	特殊的芳香味	硬的黑色圆珠,不易压碎
锦纶	靠近火焰时收缩熔化,接触火焰时熔融燃烧,燃烧时有白烟,无火焰,离开火焰时缓慢燃烧,有时自动熄灭	稍有芹菜气味	趁热时可拉成丝,冷后成坚硬褐色圆珠,难于压碎
腈纶	靠近火焰时软化收缩,接触火焰时迅速燃烧,离开火焰时继续燃烧,燃烧时有黑色烟冒出	特殊辛辣刺激味	硬而脆的黑色小球
维纶	靠近火焰时收缩软化,接触火焰时徐徐燃烧,离开火焰时继续燃烧,有黑色烟冒出	特殊的甜味	硬而脆的黑褐色小块,可用手指压碎
丙纶	靠近火焰时软化,接触火焰时熔融燃烧,火焰呈黄色,离开火焰熔融即停	轻微的沥青气味	无灰烬,燃烧剩余部分为硬的透明圆珠
氯纶	靠近火焰时收缩熔化,接触火焰时燃烧,离开火焰时自行熄灭	带有氯化氢臭味	硬而脆的黑色灰烬

五、合成纤维篇

续表

纤维名称	燃 烧 情 况	气 味	灰 烬
氨纶	靠近火焰时熔缩，接触火焰时熔融燃烧，离开火焰后开始时燃烧后自灭	特异气味	呈白色胶状
醋酯纤维	靠近火焰时熔缩，接触火焰时熔融燃烧，离开火焰时熔化燃烧	醋味	呈硬而脆的不规则黑块状

7. 最早实现工业化生产的化学纤维——黏胶纤维

黏胶纤维是以天然纤维素为基本原料，经过一系列化学和物理加工而制成的再生纤维素纤维。在各类化学纤维中，黏胶纤维是最早投入工业化生产的化学纤维。早在1891年，英国人克罗斯、贝万和彼托鲁首先将天然纤维素制成黏胶，黏胶遇酸后，纤维素又重新析出。根据黏胶的这种性质，在1893年发展成为一种制备化学纤维的方法，用这种方法制得的纤维叫黏胶纤维。1905年英国一家公司将黏胶纤维投入工业化生产。由于当时合成纤维还没有问世，黏胶纤维自工业化后得到不断的完善和发展。到20世纪60年代初，黏胶纤维的发展达到最高峰，其产量占化学纤维总产量的60%以上。至20世纪60年代中期，合成纤维的崛起使黏胶纤维的发展趋于平缓，到1968年黏胶纤维的产量开始落后于合成纤维。目前，黏胶纤维占世界化学纤维总产量的10%左右。在黏胶纤维中，短纤维占 2/3。

制备黏胶纤维的原料为浆粕，而浆粕是用棉短绒、木材或甘蔗渣，经过蒸煮、漂白、精选、抄浆等一系列加工制得的。制备过程类似于造纸工艺的制浆，但对浆的化学纯度及反应性能要求更加严格。

黏胶纤维突出的特点是吸湿性好，并具有较好的透气性及染色性，这恰好可以弥补合成纤维的不足。因此，黏胶纤维和合成纤维按一定比例混纺或交织，可以相互取长补短，提高织物的使用性能。黏胶纤维的不足是潮湿时的强度低，织物易变形褶皱。

黏胶长丝（人造丝）主要用于丝绸织造。人造丝可与棉线交织成线绨被面；纯纺可做成衬里织品美丽绸、有光纺、无光纺、富春纺、花缎等；人造丝与蚕丝交织，可制成各种织锦缎、汉王锦、金星葛等产品；人造丝与涤、锦长丝交织可制成晶彩缎、古香缎、留春绉以及各色提花尼龙头巾等。

黏胶短纤维中的毛型短纤维亦称为人造毛。目前大部分混纺品种中几乎都混有不同比例的人造毛，如涤黏花呢、黏锦华达呢、黏锦腈三合一呢、毛黏锦三合一华达呢、毛黏花呢、毛黏大衣呢等。毛型黏胶短纤维还可以与头等羊毛混纺制成毛毯。而棉型短纤维（人造棉）与棉混纺可做细布、凡立丁、华达呢等织物。

黏胶强力丝比普通人造丝的强力高一倍，主要用于汽车、拖拉机轮胎帘子线的制作。

富强纤维是黏胶纤维的改良品种，又称高湿模量黏胶纤维。富强纤维可做细布、麻绸等织物；与棉、涤等纤维混纺可生产各种服装，洗涤后不会收缩和变形，较为耐穿耐用。

8. 应用最广的合成纤维——涤纶（俗称的确良）

20世纪六七十年代我国纺织品市场上最受青睐的纺织品就是的确良，实际上它就是纯涤纶或涤纶与其他纤维混纺的制品。我国所称的涤纶，在国外有很多商品名称，如美国杜邦公司的商品名为达克纶，英国称为特丽纶。国际上比较统一地称之为聚酯纤维，或聚对苯二甲酸乙二酯纤维。

涤纶纤维最早是在1941年由英国化学家试制成功的，但由于第二次世界大战等原因，直至1953年才建成第一个涤纶纤维厂。虽然涤纶纤维在合成纤维中是实现工业化较晚的产品，但由于涤纶纤维制成的纺织品坚牢、抗皱和保型性能特别好，做成的服装挺括不皱、外形美观、易洗快干，在工业上又有广泛用途，所以其发展非常迅速。1960年其世界产量已超过腈纶，1972年又超过了锦纶，跃居为合成纤维的第一大品种，直至目前世界上涤纶纤维产量仍稳居榜首。

涤纶的原料是聚酯，聚酯是对苯二甲酸或对苯二甲酸二甲酯与乙二醇经酯化或酯交换后再缩聚而生成的高聚物。

涤纶纤维性能优良，但作为纺织材料使用也有缺点，主要是染色性较差，可使用的染料品种少，吸湿性低，易在纤维上积聚静电等。为克服上述缺点以适应后加工不同用途的需要，20世纪60年代涤纶纤维新品种的设计和新产品的研究开发工作得到广泛开展，到80年代获得了重大进展。国际上一些大公司的涤纶纤维品种均达到或超过上百种。目前涤纶纤维品种的多样化令人惊叹，采用不同的工艺可生产出品种繁多的商业性产品，如外观与手感十分近似棉、毛、丝的产品，仿鹅绒填絮品、分散性染料、阳离子染料可染产品，抗静电、导电及阻燃纤维等。

涤纶纤维有短纤维与长丝之别。作为纺织原料，涤纶短纤维可以纯纺，也特别适于与其他纤维混纺，既可与天然纤维如棉、毛、麻混纺，也可与其他化学纤维如黏胶、腈纶等短纤维混纺。涤纶短纤维按其纤维的线密度和长度可分为棉型、中长型、毛型和中空等类型，这些类型的涤纶短纤维与其他纤维混纺可制成各种花色品种的织物和服装。

作为纺织原料的涤纶加捻长丝主要用于织造各种仿真丝织物，也可以与天然纤维或化学纤维交织，亦可与蚕丝或其他化纤长丝交织，这种交织物保持了聚酯纤维的一系列优点。

涤纶变形丝（主要是低弹丝）是我国近年来发展的主要品种，它的主要特性是高蓬松、大卷曲度、毛型感强，且具有高度的弹性伸长率（达400%），用其织造的织物，具有保暖性好、悬垂性优良、光泽柔和等特点，特别适宜于织造仿毛呢、哔叽等西服、外衣、外套面料以及各种装饰织物如窗帘、台布、沙发面料等。

涤纶的空气变形丝和网络丝的抱合性、平滑性好，可直接用于喷水织机，适合织造仿真丝绸及薄型织物，亦可织造中厚型织物。

涤纶的细旦丝（1.1分特左右）可用于仿制麂皮，超细旦丝（0.01～0.11分特）织物可做外套、皮鞋面料等。超细旦丝还可以作为高效过滤材料、气体分离材料，应用于尖端科学技术领域,如无菌室和工业中用作超净化除尘材料等。

总之,涤纶纤维的用途极其广泛,涉及我们生活的各个领域,这是其他合成纤维无法比拟的。

9. 耐磨性最好的合成纤维——锦纶(也称为尼龙)

国内称为锦纶(或尼龙)的合成纤维实际是国际上统称的聚酰胺纤维,它是世界上最早实现工业化的合成纤维,是化学纤维的主要品种之一。聚酰胺最早是在1935年由美国化学家用己二酸和己二胺进行缩聚而制成,于1939年开始工业化生产的。由于这两种原料各有6个碳原子,故称之为聚酰胺66纤维(或称尼龙66)。几乎同时德国化学家又研究成功用己内酰胺为原料进行聚合,生产出性能与尼龙66非常相似的聚酰胺6(因己内酰胺含6个碳原子,故称聚酰胺6),并于1941年实现了工业化生产。随后,其他类型的聚酰胺纤维也相继问世。由于聚酰胺纤维具有优良的物理和纺织性能,它问世后发展速度很快,其产量长期居合成纤维的首位,直至1972年才被涤纶纤维超过而退居第二位。

锦纶纤维也有许多品种,目前工业化生产及应用最广泛的仍以锦纶66和锦纶6为主,两者产量约占锦纶纤维的98%,其中锦纶66纤维约占锦纶纤维总产量的69%。由于历史原因和各国具体条件的不同,美国及西欧国家以生产锦纶66纤维为主,而日本、意大利及东欧各国以生产锦纶6纤维为主。一些发展中国家也大多数发展锦纶6纤维。锦纶纤维生产中长丝占绝大部分。短纤维比例近些年有些上升。

锦纶纤维的商品名称各国也不同，我国称为锦纶，美国称尼龙，原苏联称卡普隆，德国称贝纶，日本称阿米纶等。

锦纶纤维具有一系列优良特性：耐磨性居纺织纤维之冠，比棉花高10倍，比羊毛高20倍；断裂强度较高，比棉花高1~2倍，比羊毛高4~5倍；回弹性和耐疲劳性优良，耐多次变形且疲劳性接近涤纶，比棉花高7~8倍；吸湿性虽低于天然纤维和黏胶纤维，但在合成纤维中其吸湿性仅次于维纶；染色性能好，可使用酸性染料、分散染料等染色。

锦纶纤维的缺点是耐光性较差，长时间在日光和紫外光照射下，强度下降，颜色发黄，通常在纤维中加入耐光剂以改善其耐光性能。锦纶纤维的耐热性也较差，在150℃下，经过5小时即变黄，强度、延伸度明显下降，收缩率增加，另外锦纶纤维在使用中容易变形。为了克服锦纶纤维的不足，化纤工作者已经作了大量的工作，研究锦纶纤维的改性，开发锦纶纤维的新品种，目前已取得了很大进展。

由于锦纶纤维具有诸多优良特性以及改性和新品种的不断涌现，使之得到广泛的应用，其主要用途可分为民用、装饰用、工业用三大领域。

在民用方面，锦纶主要用于服装、袜子、内衣、衬衣、运动衫、床上用品及箱包、袋、伞、绳等。在这些领域中，锦纶6占70%左右，锦纶66占30%左右。由于锦纶66具有高强力、高耐磨性能，因而在制作箱包、地毯、绳、袋、伞等物品时要优于锦纶6。

在装饰方面，锦纶主要用于窗帘布、家具装饰和地毯。由于锦纶膨体纱具有三

维卷曲特性，因此回弹和蓬松性好，抗倒伏性、染色性好。锦纶纤维还可制成阻燃、抗静电、抗菌等材料。加工成的簇绒地毯美观、厚实、丰满，脚感舒适，可与纯毛地毯媲美。

在工业方面，锦纶主要用于轮胎帘子线、传送带、安全带、造纸用毛毯、工业用呢毯以及渔网、绳索等。

10. 有"合成羊毛"美称的纤维——腈纶

国际上通称为聚丙烯腈纤维而国内称之为腈纶的纤维，通常是指含丙烯腈在85%以上的丙烯腈共聚物或均聚物的纤维。丙烯腈含量在85%以下的丙烯腈共聚物或均聚物的纤维为改性聚丙烯腈纤维。

聚丙烯腈的研制过程比较漫长，虽然1929年德国就成功地合成出了聚丙烯腈，但由于其分解温度低于其熔点，不能进行熔融纺丝，若采用溶液纺丝又找不到合适的溶剂。经过13年的努力，1942年美国和德国同时找到了聚丙烯腈的优良溶剂——二甲基甲酰胺，才制得了聚丙烯腈的纺丝溶液，在实验室中得到了腈纶纤维。由于当时正处于第二次世界大战，直到1950年美国才开始工业化生产，随后德、英、法、日也相继生产。

腈纶具有许多优良性能，主要特性是质轻保暖，易染色，易洗快干、防蛀、防霉，故有"合成羊毛"的美称。其耐光性和耐辐射性很好，耐磨性和抗疲劳性较差，虽然其强度并不高，但比羊毛高1～2.5倍。随着合成纤维生产技术的不断发展，各种改性的腈纶纤维相继出现，如高收缩、抗起球、抗静电、阻燃等品种均有商品生产，使之应用领域不断扩大。

腈纶纤维自实现工业化以来，因其性能优良，原料充足，发展很快，尤其是在20世纪60年代实现了丙烯腈的生产原料由电石转向石油，并完成了多种溶剂的工业开发以及纤维性能的改进，纤维的产量年均增产高达22%左右，但此后世界总产量增长趋缓。我国由于需求旺盛，在此期间腈纶纤维得到迅速发展。

纺丝原液经干法或湿法纺丝成形，经后加工处理得到腈纶纤维。腈纶纤维的特性及用途决定了腈纶纤维主要以生产短纤维为主。腈纶纤维还有一种经特殊加工的产品，称为毛条的纤维。它是在腈纶纤维生产中，为了便于纺织加工和提高生产效率，将未切断的长丝束经过适当的加工（拉断或切断）制成既已切断而又不杂乱的条子，这样可以有效地简化短纤维的纺纱工艺。

腈纶制品约90%为民用。民用制品中以腈纶短纤维为主，96%以上用于服饰。腈纶可纯纺，替代羊毛制成哔叽、华达呢、大衣呢、运动衫、地毯、毛毯、人造毛皮、装饰织物等。腈纶可混纺制成内衣、衬衫、服装及雨衣布等，与毛混纺制成围巾、手套、袜子、针织衫、毛毯等，与涤纶、黏胶混纺可制成薄呢、外套和衣料。工业用途主要是制作帆布、过滤材料、保温材料、包装用布等。在军用方面主要是制作帐篷、防火服等。另外，腈纶还是碳纤维的主要原料。

11. 外形最类似棉花的合成纤维——维纶

聚乙烯醇缩甲醛纤维，国内简称维纶（维尼纶），是合成纤维的重要品种之一。生产维纶的主要原料是聚乙烯醇（PVA）。

1924年德国首先合成出聚乙烯醇缩甲醛，并用其水溶液经干法纺丝制成纤维。1939年后，日本和朝鲜相继成功地制造出耐热水性优良、收缩率低、具有实用价值的维纶纤维。由于第二次世界大战的干扰，直到1950年不溶于水的维纶纤维才实现工业化生产。

我国第一个维纶纤维厂建成于1964年，在一段时间内，我国的维纶年生产能力曾居世界首位。由于维纶纤维染色性差，弹性低等缺点不易克服，近年来在服装领域中不断萎缩，世界维纶总产量有所下降，但是它在工农业、渔业等方面的应用却有所增加，另外装饰用、产业用纤维和功能性纤维的比例也在逐步增加。

维纶短纤维外观形状接近棉花，但强度和耐磨性都优于棉花。50/50的棉／维混纺织物的强度比纯棉织物高60%，耐磨性可提高50%～100%，维纶密度约比棉花轻20%。维纶的吸湿率在几大合成纤维中名列前茅，并具有良好的保暖性。此外，维纶还具有很好的耐腐蚀和耐日光性。

维纶的主要缺点是染色性差，色泽也不鲜艳。另外，维纶的耐热水性较差，易发生明显的收缩和变形，在沸水中甚至会发生部分溶解。另外，维纶的弹性也不如其他合成纤维，其织

物不够挺括，在穿着过程中易发生褶皱。

维纶纤维主要为短纤维，由于其形状很像棉，所以大量用于与棉混纺织物。另外，也可与其他纤维混纺或纯纺，织造各类机织或针织物，但因维纶的弹性差，不易染色，织物不够挺括，易起皱等缺点，其织物目前在我国服装市场上已很少见。

近年来，随着维纶生产技术的发展，它在工业、农业、渔业、运输和医用等方面的应用有所扩大。利用维纶强度高，抗冲击性好，成型加工过程中分散性好等特点，可以作为塑料、陶瓷、造纸等增强材料，特别是作为致癌物质——石棉的代用品，制成的石棉板受到建筑业的极大重视。利用维纶断裂强度大、耐冲击和耐海水腐蚀等长处，可用其制造各种类型的渔网、渔具、鱼线。维纶绳缆质轻、耐磨、不易扭结，具有良好的冲击强度、耐气候性，并耐海水腐蚀，在水产、车辆和船舶运输等方面有较多应用。维纶帆布强度大、质轻、耐摩擦和耐气候性好，它在运输、仓储、船舶、建筑、农林等方面有较多应用。另外，维纶还可制作包装材料、非织造布滤材、土工布等。

12．最轻的合成纤维——丙纶

聚丙烯（PP）纤维是以丙烯聚合得到的等规聚丙烯为原料纺制而成的合成纤维，我国简称为丙纶。

随着齐格勒—那塔催化剂的问世，意大利化学家成功地由丙烯聚合得到了具有较高的立体结构规整性的等规聚丙烯，于1957年实现了工业化，并很快用于纤维生产。此后又开发了捆扎用的聚丙烯膜裂纤维（先成膜再切割开来）。

20世纪70年代出现短纤维工艺和设备，改进了丙纶生产工艺，纺丝机的发展特别是非织造布的出现和迅速发展，使丙纶纤维的发展和应用有了更广阔的前景。近十几年来，由于化纤技术和设备的发展，国际上丙纶纤维生产正处于快速发展时期，我国丙纶纤维的产量也相当可观。其产品主要有普通长丝、短纤维、膨体长丝、烟用丝束、工业用丝、非织造布等。

丙纶纤维具有许多优异的性能：质轻，其密度为0.9～0.92克／立方厘米，在所有合成纤维中是最轻的，它比聚酰胺纤维轻20%，比聚酯纤维轻30%，比黏胶纤维轻40%；强度高（干态与湿态下相同），耐磨性和回弹性好；抗微生物，不霉不蛀；耐化学性也优于一般合成纤维。此外，与其他合成纤维相比，丙纶纤维的电绝缘性和保暖性最好，它的电阻率很高（7×10^{19}欧姆·厘米），导热系数很小。

但是，丙纶纤维的熔点低（165～173℃），对光、热稳定性差，所以丙纶纤维耐热性、耐老化性能差，通常采取加入热稳定剂和防老化剂来改善其性能。它的吸湿性和染色性是合成纤维中最差的，回潮率小于0.03%，普通染料均不能使其着色，因而在纺丝时多采用在原料聚丙烯中加入一定量的着色母粒使纤维着色。

在服装方面，丙纶纤维可制成针织品，如内衣、袜类等，可制成长毛绒产品，如鞋衬、大衣衬、儿童大衣等，还可与其他纤维混纺来制作儿童服装、工作服、内衣、起绒织物及绒线等。值得注意的是由于丙纶纤维生产成本低，价格相对便宜，质轻（即同重量的纤维，用丙纶纤维织成的布的面积比其他化学纤维大20%～40%），因而市场上有的不法商贩将丙纶弹力丝衣裤说成是锦纶弹力丝衣裤，有的在腈纶产品中掺入丙纶，购买时要注意识别。

用丙纶纤维制成的地毯、沙发布、贴墙布等装饰织物和絮棉等，不仅价格低廉，而且具有抗沾污、抗虫蛀、易洗涤、回弹性好等优点。

丙纶纤维具有高强度、高韧度、良好的耐化学性和抗微生物性以及低廉的价格等优点，故广泛用于绳索、渔网、安全带、安全网、箱包带、过滤布、电缆包皮、造纸用毡和纸的增强材料，还可制成土工布用于土建和水利工程。

此外，丙纶烟用丝束可作香烟过滤嘴，丙纶纤维非织造布可做一次性卫生用品，如卫生巾、手术衣、帽子、口罩、床上用品、尿片面料等。

13. 阻燃性能最好的合成纤维——氯纶

聚氯乙烯纤维是合成纤维中的一种，我国简称氯纶。这种纤维虽然发明较早，但作为工业产品出现还是在20世纪50年代初。由于氯纶纤维耐热性差，对有机溶剂的稳定性和染色性差，从而影响其生产发展。与其他合成纤维相比，一直处于落后状态。近年来，出现了所谓第二代氯纶纤维，由于这种纤维分子链结构的规整性好，所得纤维有一定的结晶度，相应制品的耐热性和对有机溶剂的稳定性也大有提高。

氯纶纤维的独特性能就在于其难燃性，氯纶纤维在明火中发生收缩并炭化，离开火焰便自行熄灭，其产品特别适用于易燃场所。氯纶纤维对无机溶剂的稳定性相当好，室温下在大多数无机酸、碱、氧化剂和还原剂中，纤维强度几乎没有损失或很少降低。氯纶纤维具有良好的保暖性，由于它的导热性小，且易积累静电,其保暖性比棉、羊毛还要好。

氯纶纤维的主要缺点是耐热性差,只适宜于40～50℃以下使用,60～70℃即软化,并产生明显收缩;其次是耐有机溶剂性和染色性差,虽不能被多数有机溶剂溶解,但能使其溶胀。一般常用的染料很难使氯纶纤维着色,在生产中多采用原液着色。

氯纶纤维的产品有长丝、短纤维以及鬃丝等,以短纤维和鬃丝为主。在民用方面,主要用于制作各种针织内衣、毛线、毯子和家用装饰织物等。由氯纶纤维制作的内衣、毛衣、毛裤等不仅保暖性好,而且具有阻燃性。在工业应用方面,氯纶纤维可用于制作各种在常温下使用的滤布、工作服、绝缘布、覆盖材料等。另外,氯纶纤维制作的防尘口罩,因其静电效应,吸尘性特别好。鬃丝主要用于编制窗纱、筛网、绳索等。

14. 弹性最好的合成纤维——氨纶

聚氨酯弹性纤维,我国简称为氨纶,它是以聚氨基甲酸酯为主要成分的一种嵌段共聚物制成的纤维。

氨纶纤维最早由德国于1937年试制成功,但当时未能实现工业化生产,1958年美国也研制出这种纤维,并实现了工业化生产。由于它不仅具有像橡胶一样的弹性,而且还具有一般纤维的属性,因此作为一种新型纺织纤维受到人们的青睐。20世纪60年代初氨纶纤维的发展速度较快,后来逐渐趋缓。进入20世纪80年代,随着加工技术的进步,新产品的不断涌现,使氨纶纤维的用途逐步扩大,进入第二个高速发展时期。我国氨纶纤维的开发较晚,在20世纪80年代末才引进国外技术和设备开始工业化生产。

氨纶纤维具有许多特有的性能。它的线密度低,最细的橡胶丝比最细的氨纶纤维要粗十余倍。它的断裂强度是橡胶丝的 2～4 倍,其弹性很好,可伸长 5～8 倍,与橡胶丝相差无几。氨纶纤维的软化温度约为 200℃,优于橡胶丝,在化学纤维中属耐热性较好的品种。橡胶丝几乎不吸湿,而氨纶纤维的吸湿性较强,虽然比不上棉和羊毛,但优于涤纶和丙纶。由于氨纶纤维具有类似海绵的性质,因此可以使用所有类型的染料染色。同时,氨纶纤维还具有良好的耐气候性、耐挠曲、耐磨、耐一般化学药品性等。

裸丝是最早开发的氨纶纤维品种,裸丝的拉伸和回复性能好,且不用纺纱加工便可用于生产,因此具有生产成本低的优点。由于裸丝摩擦系数大,滑动性差,直接用于织造织物的不多,一般适宜在针织机上与其他化纤长丝交织。主要的纺织产品有紧身衣、运动衣、护腿袜、外科用绷带和袜口、袖口等。

氨纶纤维中应用最广泛的纱线品种是包芯纱,它是以氨纶纤维为芯纱,外包一种或几种非弹力短纤维(棉、毛、腈纶、涤纶等)纺成的纱线。芯纱提供优良的弹性,外围纤维提供所需要的表面特征。例如棉包芯纱,除了弹性好以外,还保持了一般棉纱的手感和外观。毛包芯纱的服装面料不仅具有一般毛织物的外观和保暖性,而且穿着时伸缩自如,增强了舒适感,并能显现出优美的体型。

包覆纱又称包缠纱。它是以氨纶纤维为芯,用合成纤维长丝或纱线以螺旋形的方式对其予以包覆而形成的弹力纱。包覆纱的手感比较硬挺,纱线较粗,织造的面料比较厚实。主要用于袜子、纬编内衣等弹力织物以及护腿、弹力带、袜子口、连袜裤等弹力织物。

合捻纱又称合股纱,它是在对氨纶纤维牵伸的同时,与其他两股无弹性纱并合加捻而成。合捻纱多用于织造粗厚织物，如弹力劳动布、弹力单面华达呢等。其优点是条干均匀、产品洁净，缺点是手感稍硬，弹力纤维有的露在外面，染色时容易造成色差，一般不用于深色织物。

15．多姿多彩、千变万化的差别化纤维

差别化纤维为外来语，来源于日本。它一般泛指对常规品种纤维有所创新或具有某一特性的化学纤维。

差别化纤维一般指的是经过化学改性或物理改性的化学纤维，差别化纤维以改进使用性能为主，主要用于服装及装饰织物，可以提高经济效益，增加纺织新产品，美化人民生活。

差别化纤维的品种很多，主要有以下这几种。

超细纤维 由于纤维的粗细对于织物的性能影响很大，所以化学纤维也可按单纤维的粗细（线密度）分类，一般分为常规纤维、超细纤维和极细纤维。

常规纤维的线密度为 1.4～7.0 分特；细旦纤维的线密度为 0.55～1.3 分特，主要用于仿真丝类的轻薄型或中厚型织物；超细纤维的线密度为 0.11～0.55 分特，主要用于高密度防水透气织物和人造皮革、仿桃皮绒织物等；而极细纤维的线密度在 0.11 分特以下，主要用于人造皮革和医学滤材等特殊领域。

超细纤维随着纤维纤度变小，织物更加柔软，手感更好，纤维的比表面积显著增大，织物的透气性能得到改善。超细纤

维具有很好的吸水和吸油性能，织物光泽柔和。超细纤维优良的透湿性从根本上解决了合成纤维织物穿着不舒服的缺点，为合成纤维进入高档服装领域打开了一条通道。

随着科学技术的发展和进步，将有更多的领域使用超细纤维，超细纤维的开发和应用正孕育着巨大的机遇。

异形纤维　异形纤维是用异形喷丝板孔纺制的具有非圆形截面的化学纤维。根据所用异形喷丝板孔的不同，其截面形状有三角形、十字形、三叶形、扁平形、多叶形、星形、Y形、H形、矩形、菱形、六角形、中空及多中空形等。

异形截面的纤维具有特殊的光泽、膨松性、耐污性，并具有抗起球性，能改善纤维的回弹性等特点。如三角形截面的涤纶或锦纶与其他纤维的混纺织物有闪光的效应；十字形截面的锦纶回弹性好；五叶形截面的涤纶长丝有类似真丝的光泽，抗起球，手感良好；中空纤维的保暖性和膨松性良好；扁平、带形、哑铃和豆形截面的纤维具有麻型、羚羊毛型、兔毛型等特殊动物纤维的手感和光泽等。

根据异形纤维品种和截面形状的不同，它可制成缎型织物和绉型织物（高档女式服装）、丝绸型织物（如乔其纱、双绉、派力司、府绸等）、毛型织物、麻型织物、羽绒型制品（如羽绒服、高档絮棉、睡袋等）以及类似羚羊毛、兔毛等其他特种动物纤维的制品。

中空纤维　中空纤维是一种特殊的异形纤维，它具有连续而均匀的空腔，一般采用特殊形状纺丝孔的喷丝板进行纺丝。纺中空纤维所用的喷丝孔的形状多为非连接状的近似圆形，纺丝液细流从异形喷丝孔流出后，立即相互围合，形成空心纤维。此外，也可以在纺丝成型时向纤维中心喷进气体或液体的喷丝板来制取中空纤维。

由于中空纤维的蓬松性和保暖性良好，在民用方面广泛

九孔纤维

用作枕头心、被褥和玩具等的填充物。市面上标有4孔、7孔或9孔的商品，是指在每一根纤维的截面上有4个、7个或9个孔。中孔纤维在工业上的用途也很广泛，可作为反渗透膜，用来淡化海水或软化河水和地下水，还可用于溶液的分离、浓缩及回收以及废液处理和气体分离等。中空纤维还在医疗领域中得到应用，可用于人工脏器的制作等。

高收缩纤维 在沸水中收缩率高于15%的化学纤维称为高收缩纤维。

高收缩纤维在松弛受热的条件下可产生15%～50%的急骤热收缩。根据最终产品的风格及性能，对热收缩程度可有不同的要求，例如用于绉类、凹凸提花等织物，收缩率为15%～25%；用于膨体毛线、毛毯、人造毛皮等，收缩率为15%～35%；用于人造皮革，收缩率为35%～50%；用于鞋类底布，收缩率可高达70%。

高收缩涤纶在使用方面可与其他纤维混纺或交织，制成各种绉类、泡泡纱凹凸提花织物，也可制成纯织物。经热定型后，织物风格独特、丰满密致。可用于人造麂皮和合成革。

高收缩腈纶、涤纶可用作人造毛皮、毛毯或与普通腈纶、涤纶混纺后制成膨体纱，也可与其他纤维混纺制成蓬松的混纤纱。

高收缩锦纶可用作造纸毛毡。

高吸水和高吸湿纤维 疏水性合成纤维经物理变形和化学改性，于一定条件下，在水中浸渍和离心脱水后能保持15%

以上水分的纤维,称之为高吸水纤维。在标准温度、湿度条件下,能吸收水分,回潮率在 6% 以上的纤维,称之为高吸湿纤维。

高吸水纤维中具有内外贯通的微孔结构,微孔直径为 0.01～5 微米左右。这种多孔结构纤维比较轻,并具有良好的吸水性、快干性、保温性、透气性、透湿性和耐污性,其保水率显著大于常规的疏水性纤维,但回潮率没有变化。织物吸收水分或汗水后,不会产生湿感或不快感。

高吸湿纤维仍能保持原有疏水合成纤维强度大、质地轻的优点,又有天然纤维的舒适感。

高吸水纤维可与天然纤维混纺制成各种衣料、运动服、袜类、毛巾、毯子、被褥、拖把、吸水纸、吸音材料、吸油材料等。它还可单独用于制作运动服、衬衣、袜类、野外工作服、战士服、被褥等。

着色纤维 在化学纤维的生产过程中,加入染料、颜料或荧光剂等进行着色的纤维(而不是纤维织成布后再染色)称为着色纤维或称有色纤维。

着色纤维的特点是色泽稳定,即使在日晒下也不易褪色。与染色工艺相比,可节省前处理、染色、水洗、干燥等多道工序,也可解决合成纤维(如丙纶、维纶)不易染色的缺点。采用着色工艺可以降低成本,节约能源,减少三废污染。

着色纤维的主要用途:着色涤纶、锦纶、腈纶、丙纶、黏胶等用于织造各色的布、绒线、各种混纺织物地毯、装饰织物及产业用织物。

阳离子可染涤纶 通过化学改性(通常聚合时加入第三、四组分共聚)能用阳离子染料在常压或加压下染色的涤纶,称为阳离子可染涤纶。

阳离子可染涤纶能用阳离子染料染色,也能用分散染料染色,上染率和染料的吸尽率高,污染少。经染色的纤维和织物色泽鲜艳,并具有良好的皂洗、水洗、摩擦(干、湿)、日晒牢度等性能。纤维的柔软性、抗起球性均优于常规涤纶,但耐酸碱性略逊于常规涤纶。

阳离子可染涤纶长丝、短纤维和腈纶、常规涤纶、羊毛、黏胶混纺等一起染色,可得到特殊的视觉效果。其产品风格独特,品种繁多,可用于毛纺、针织、丝绸等行业。

16. 各显神通的特种纤维

具有特殊的物理和化学结构或具有特殊功能和用途的化学纤维称之为特种纤维。

特种纤维按性能可分为耐腐蚀、耐高温、阻燃、高强度、功能纤维和弹性体纤维等。

(1) 可抗王水的耐腐蚀纤维。

耐腐蚀纤维即含氟纤维,在聚合物结构中含有氟原子的特种纤维。目前工业化生产的主要是聚四氟乙烯、聚偏氟乙烯纤维等。

聚四氟乙烯纤维是含氟纤维中最主要的品种,1954年它首先由美国工业化生产。聚四氟乙烯纤维耐腐蚀性是现有合成纤维中最高的,连能溶解黄金的王水也对它毫无作用。它适于作各种耐腐蚀性气体、液体的滤材和密封材料。它在高氧浓度下难燃,所以使用温度范围极宽。它的耐气候性好,在户外放置15年也不会出现老化现象,适用作宇航服等。该纤维的导电率和导热率低,是高温高湿下良好的电绝缘和绝热材料。此外,它的耐脆性和耐弯曲磨耗性在合成纤维中也最好,但由于到目前为止仍无理想的溶剂适用于它,因此不适宜作纺织材料。

（2）可在 200～230℃ 条件下使用的耐高温纤维。

它是在高温下不软化，仍能保持一般力学性质的特种纤维，又称耐热纤维。耐高温寿命最长的是聚间苯二甲酰间苯二胺纤维（芳纶-1313）。它是最早工业化的（1967 年）耐高温纤维，其熔点为 400℃，在 260℃ 加热 1000 小时后，其强度保持率为 65%，它的绝缘性、耐辐射性和耐化学腐蚀性都很好。

耐辐射性最好的耐高温纤维是聚酰亚胺纤维，它可在 250℃ 下长期使用，经伽马射线或高速中子流作用后，仍可保持其物理、机械和电气性能，可用作航天和核动力站所需的各种织物及层压制品、降落伞和电气绝缘材料等。

（3）可做防弹衣的超高分子量聚乙烯纤维。

在通常条件下，聚乙烯、聚丙烯、聚丙烯腈、脂肪族聚酰胺和聚酯等柔性成纤高聚物，在熔融或溶液纺丝成形及后处理过程中，大分子多呈折叠结构，只能做成满足一般要求的化学纤维。如果用特殊的纺丝和拉伸工艺使折叠的大分子伸直并结晶化，就有可能制得强度和模量较高的纤维。1975 年荷兰试制出具有优异抗张性能的超高分子量聚乙烯纤维，立即引起人们极大重视；1985 年美国对制造技术进行改进，生产出了高强度聚乙烯纤维。

目前有关厂家均是以十氢萘、石脑油、煤油等碳氢化合物为溶剂，将高强度聚乙烯纤维调制成半稀溶液，通过喷丝孔挤出后骤冷成冻胶原丝，经萃取、干燥和热拉伸而制成高强度聚乙烯纤维的。

超高分子量聚乙烯纤维的抗张性能优异，适合制作各种绳、索、缆等。海洋作业中，传统使用的钢丝经海水长期浸泡容易生锈，而且自重断裂长度短，而超高分子量聚乙烯纤维的自重断裂长度为336千米，是钢丝的9倍。它的密度为0.97克／立方厘米，在水中漂浮，使用长度可不受限制，作为海洋用纤维材料是非常有意义的。

超高分子量聚乙烯纤维有良好的耐疲劳性、耐磨损性以及较高的强度，可织成50～500克／平方米的各种织物或非织造布，这些纤维可以用于制作防弹衣、帆布、防水服或过滤材料等。

超高分子量聚乙烯纤维在某些场合是一种比较理想的增强材料，将超高分子量聚乙烯纤维与热塑性树脂结合，压成单层片可制成软质盔甲，或将单层片压成硬质复合材料，可用于雷达防护罩、头盔、装甲兵器壳体等。此纤维与热固性树脂复合，适宜制作盾牌、耐压储罐、船体外壳、滑雪板、滑水板等。

（4）航天器材重要结构材料——碳纤维。

碳纤维是含碳量高于90%的高强度、高模量纤维的通称。它是将原料纤维在一定的张力、温度下，经过一定时间的预氧化、炭化和石墨化处理等过程制成的。一般认为在300～350℃热处理时得到的是耐燃纤维，在1000～1500℃热处理时可得含碳量为90%～95%的碳纤维，若经过2000℃以上高温处理则可以制得含碳量高达99%以上的石墨纤维。

目前各国工业用的碳纤维原料主要是聚丙烯腈纤维，从这种原料制得的碳纤维约占碳纤维总量的95%。碳纤维具有元素碳的各种优良性能，如密度小、耐热性好、热膨胀系数小、导热系数大、耐腐蚀性和导电性良好等。同时它又具有纤维般的柔曲性，可进行编织加工和缠绕成型。碳纤维的最优良性能是它的强度超过一般增强纤维，它和树脂形成的复合材料的强度比钢和铝合金还高3倍。碳纤维复合材料应用在宇宙飞船、导弹和飞机上，可以显著减轻重量，提高有效载荷，改善性能，

是航天工业的重要结构材料。由于成本降低,碳纤维已逐步扩大用在民用工业,如汽车工业和运动器材等方面,高级网球拍和钓鱼竿就是用碳纤维做的。

(5) 能够导光、导电的功能纤维。

光导纤维是用折射率不同的两种透明材料通过特殊复合技术制成的复合纤维,这种纤维具有导光性能。用高纯二氧化硅或高透明度的聚合物(聚甲基丙烯酸甲酯或聚苯乙烯)为芯材,用透明含氟树脂及聚酰胺12等为鞘材制成光导纤维能使光在芯部沿其界面折射传导,可用作光通信、数据传递、各种光照明和数字显示。

导电纤维是化学纤维中混入石墨或金属粉(如铜、镍、银)等导电性添加剂而使纤维获得一定的导电和抗静电性能。混入添加剂的方式有多种,有配置在纤维的中心部的,有以细粉状分散在纤维之中的,有在纤维外面镀金属层的,也有将碘化物之类的金属化合物吸收在纤维之内的。导电纤维的电阻率介于碳纤维和金属纤维之间,所以实际上是半导电纤维,可用作无尘服、带电作业服、抗静电防爆作业服、地毯和工业用材等。这些导电纤维大都带有各种深颜色,若选用白色的金属化合物,则可制得白色纤维,可用作白制服和医院用服等。

17. 您知道常用织物的适当熨烫温度吗

随着人们生活水平的提高,对服装讲究挺括,洗过的衣裤常常要熨烫后才能穿着。可是,各种纤维的熔点和分解温度是不一样的，稍不留神，往往会发生把心爱的衣裤烫糊的烦心事。为了防止此类事情的发生，下面介绍一些这方面的资料。

织物所用纤维	适当的熨烫温度（℃）	危险温度（℃）
棉	180～200	240
麻	140～200	240
毛	120～160（纯毛厚呢200）	210
丝	120～150	200
涤纶	纯纺160～170，混纺170～180	190
腈纶	130～150	180
维纶	120～150	180
锦纶	纯纺130～140，混纺150～170	170
丙纶	纯纺100～120，混纺120～130	200～230
黏胶	120～160	200～230

18. 织物上的各种污迹该如何去除

织物在使用过程中难免会有来自各方的污染，该如何针对污染物的不同性质有效地进行清除呢？这里给大家出点主意。

污迹种类	去 除 方 法
酱油	新迹可立即用冷水搓洗，再用肥皂等洗涤剂洗去；陈迹可在温的洗涤剂溶液中，加少量氨水（约2%）或硼砂洗涤
茶、咖啡	新迹可用洗涤剂溶液清除；陈迹可在用水、氨水（几滴）和甘油配成的混合液中洗；羊毛混纺织物不用氨水而用10%的甘油溶液搓揉后，用洗涤液洗，用水漂清
啤酒	新迹可用水洗去；陈迹放入加有2%氨水的硼砂水溶液中洗除
果汁	用冲淡20倍的氨水洗，再用洗涤剂洗；新迹可先撒上些食盐，滴上水使其溶解，过些时间浸在肥皂水中即可洗掉
食油、牛奶、黄油	先用汽油或四氯化碳洗除，颜色可用酒精洗去，然后再用洗涤剂、氨水洗，如仍有残迹，可用酶制剂处理
番茄酱	刮去干污迹，用温的洗涤剂溶液洗，然后用汽油与酒精交替洗拭，或用葡萄酒加些盐一起揉搓
蛋白	用洗涤剂或氨水洗，洗前如果放上一些新鲜萝卜汁，效果更好，亦可用稍浓的茶水洗
蛋黄	可先用汽油将脂肪洗除，再同洗蛋白一样处理
发油、发膏	用汽油或四氯化碳即可洗除；陈迹可在水蒸气上蒸软后再洗除；遇白色织物，可先用10%的氨水润湿，然后用4%的草酸擦拭，最后用洗涤剂洗除

五、合成纤维篇

续表

污迹种类	去除方法
皮鞋油	可用汽油、松节油或酒精擦除,再用肥皂洗涤。如果白色织物上沾上鞋油以后,可先用汽油沾润,用10%的氨水拭洗,最后用酒精擦拭
圆珠笔油	将污迹用冷水浸湿后,用苯、丙酮或四氯化碳轻轻擦去,再用洗涤剂洗,用清水洗净;也可涂些牙膏加少量肥皂轻轻揉搓,如有残迹,可用酒精洗除,不能用汽油洗
蓝墨水	新迹在冷水中泡些时间,然后用肥皂搓洗掉;陈迹则要放在2%的草酸溶液中浸几分钟,然后再用洗涤剂洗除
红墨水	先用洗涤剂洗,然后用10%的酒精洗涤,清水洗净;也可用0.25%的高锰酸钾溶液洗涤
墨汁	先用清水洗,再用洗涤剂和饭粒一起揉搓,然后用纱布或脱脂棉一点一点黏吸,残迹可用氨水洗除,污迹也可用牙膏、肥皂洗
血渍	可用冷水和洗涤剂洗除,如果洗不净,可以用氨水洗,然后用萝卜汁、双氧水洗涤
汗渍	用1份氨水加4份水的稀氨溶液洗除,也可用3%的食盐溶液洗除,用清水漂洗
铁锈	用1%~2%的草酸溶液洗,用清水漂洗
复写纸、蜡笔色迹	先在温热的洗涤剂溶液中搓洗,然后用汽油、煤油洗,再用酒精擦除

续表

污迹种类	去 除 方 法
油漆、沥青	用汽油或苯洗涤；陈迹可将脏的地方先浸在比例为1∶1的乙醚、松节油混合液中，待污迹泡软后，再用苯或汽油洗除，最后用温洗涤液洗除残痕
霉斑	新的霉斑先用刷子刷清，再用酒精洗，最后用洗涤剂洗除；陈旧霉斑则需涂上氨水后放置片刻，再涂上高锰酸钾溶液，最后用亚硫酸钠溶液及水洗，处理时要防止霉斑扩散
呕吐残迹	先用汽油在残迹上擦拭，然后用5%的氨水擦拭，再用水洗涤

五、合成纤维篇

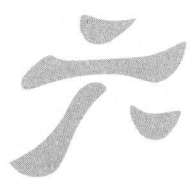

合成橡胶篇

1. 橡胶有些什么特性

人们一提起橡胶，就自然而然地联想到由它制造的大大小小的轮胎和各式各样的胶管、胶板、胶带、胶圈以及许多人穿的胶鞋，还有儿童喜爱的橡皮玩具和气球等等，所有这些物品的共同特点就是它们都有很好的弹性。

高弹性确实是橡胶最主要的特征，所以习惯上，橡胶和弹性体几乎已成为一个同义词。

然而在科学定义上，橡胶和弹性体是有区别的。国际标准化组织对橡胶的解释是：橡胶可在很宽的温度范围内（−50～150℃）呈现高弹性，即用较小的拉力就可以变长50%乃至1000%；除去外力后又能在几秒钟内基本恢复到它的原始尺寸，也就是说相差不超过原来尺寸的百分之几。这与金属、玻璃等许多固体材料的普通弹性或"普弹体"很不一样。例如，钢的弹性变形只在1%以下。橡胶的弹性随温度升高而增大，而一般材料则相反。橡胶拉伸时放热，而一般材料则吸热；而且，与一般材料不同，橡胶保持一定伸长的应力随温度升高而增加。特别要提出的是橡胶要获得应用性能，一般需要改性，即通常所称的"硫化"，硫化是将不定型的线性大分子变为交联的网状结构。未硫化的橡胶在低温下变硬，高温下变软，不能保持形状，力学性能低，几乎没有使用价值。

然而给弹性体下的定义则宽松得多，只是比较笼统地规定，它是一种在很小的作用力下就能

六、合成橡胶篇

明显变形，作用力去除后又能迅速恢复到接近原有状态和尺寸的高分子材料。

橡胶为什么富有弹性，这要从它的分子结构谈起。

橡胶分子与其他高分子材料一样，就像一个长长的链条，分子链是由许多结构相同的重复单元以化学键相连接而构成，这些重复单元可以叫做链节或链段。链节是指分子链中化学组成相同的最小单位；链段通常认为是由几个到几十个单体单元组成，或者它是分子链中具有某一种结构的部分，如聚酯链段、聚醚链段等。大家知道，分子链中的原子及化学键是处于不停的运动之中，并且在链节、链段及大分子之间均有一定的作用力。如果这些作用力不大，各链节、链段的相对运动有较大的自由度，而且分子链的内旋转等运动所受阻力不大，那么，当分子量足够大时（有价值的橡胶大分子链一般需要 3000～5000 甚至更多的单体结合在一起），分子链就会有很大的可变性和柔顺性。在没有外力作用时，它倾向于处在所谓能级最低的自然状态，专家们形象地把处于这种状态的大分子描绘成"不规则卷曲的互相缠结的分子线团"。当受外力拉伸时，卷曲的大分子线团会伸展；外力除去后，又会恢复到卷曲线团状态，于是橡胶就有了高弹性。

当温度逐渐降低，链段间的相对运动最终会被"冻结"，有弹性的橡胶就会变成玻璃一样坚硬的材料。由橡胶态变为玻璃态的温度称之为玻璃转变（化）温度。橡胶与塑料不同之处是它的玻璃化温度通常都在 0℃ 以下。玻璃化温度越低，常温下的弹性越好。例如顺丁橡胶的玻璃化温度可达 -100℃；硅橡胶的玻璃化温度更低，达到 -125℃。这些橡胶即使在冰天雪地的严寒环境下，也具

有相当好的弹性。

高弹性固然是所有橡胶的最主要特征,然而却不是惟一的特征。与弹性相伴的另一个重要特征是橡胶的高黏性。严格说来,高的黏弹性才是橡胶最典型的特征。人们利用这种特征充分发挥了橡胶在缓冲、防震、密封、回弹、减阻等应用方面独特的作用。

2. 合成橡胶的诞生与最早生产的品种

人类发现天然橡胶已有500多年的历史,19世纪初,科学家们便从探索天然橡胶的化学结构开始来研究人工合成橡胶。1826年,英国科学家法拉第通过化学分析,确定了组成天然橡胶的分子实验式为C_5H_8。1860年,威廉斯第一次从干馏天然橡胶中得到了这种物质,并定名为异戊二烯,这些是人类对合成橡胶在认识上的一个起步。

1910年也许算是合成橡胶发展史上的一个里程碑。这一年,英国的马修斯等根据一次偶然的实验结果,发表了用金属钠处理异戊二烯制取合成橡胶的第一篇专利。几乎与此同时,德国的霍夫曼发现了二甲基丁二烯在加热的情况下可制取橡胶。因为当时二甲基丁二烯可以比较容易地由丙酮经还原、脱水制取,所以当时的美国和德国都将合成橡胶原料研究的聚焦点从异戊二烯转到这里。

1914年爆发的第一次世界大战期间,由于英国封锁了天然橡胶的供应来源,德国被迫寻找作为战略物资的天然橡胶的代用品,于是以二甲基丁二烯为原料的"甲基橡胶"应运而生。当时主要生产 2 个品级：H 型用于硬橡胶制品，W 型用于软橡胶制品。H 型产品是在有空气的容器中将单体于 30℃下放置 6～10 个星期后得到的，这种硬的产品要经过长时间的塑炼才能制得弹性材料。W 型产品则是在没有催化剂的情况下，在双层压力容器中于 70℃左右聚合 3～6 个月后制得的，在使用前还需要塑炼软化，由此可见当时生产出一些合成橡胶是多么困难。德国靠这种办法在第一次世界大战期间生产了 2000 多吨的合成橡胶。甲基橡胶与天然橡胶相比，性能差了不少，但它毕竟是人类最早批量生产的合成橡胶。

最早生产的甲基橡胶是这样制取的：

$$CH_3\text{--}C=O+H_2 \xrightarrow{Mg/Hg\text{催化剂}} CH_3\text{--}\underset{OH}{\underset{|}{C}}(CH_3)\text{--}\underset{OH}{\underset{|}{C}}(CH_3)\text{--}CH_3 \xrightarrow{\text{酸催化剂}} CH_2=C(CH_3)\text{--}C(CH_3)=CH_2 \xrightarrow{\text{聚合}} \text{甲基橡胶}$$

（丙酮）（氢）　　（四甲基乙二醇）　　（二甲基丁二烯）

3. 合成橡胶的发展为什么会后来居上

20 世纪 20 年代后期，生产合成橡胶的原料由二甲基丁二烯向丁二烯转移。因为丁二烯更容易得到，而且用金属钠作为聚合催化剂也特别有效，所以自那以后，德国的合成橡胶就取了一个至今为世人熟悉的通用名称——Buna。其中 B 和 u 来自 Butadiene（丁二烯）的前两个字母，n 和 a 来自德文 Natrium（钠）的前两个字母。但早期的 Buna 橡胶从来没有得到性能满意的产品，原因之一是 20 世纪 30 年代以前，所有

的合成橡胶都是用简单的本体聚合方法制造的。

合成橡胶起步比天然橡胶晚了好几个世纪,但它却摆脱了天然橡胶生产受自然条件限制和性能单一的缺陷。

大家知道,橡胶树是一种典型的热带作物,适宜种植的地域十分有限,我国可以种植橡胶林的面积还不到国土的1/1000。橡胶树成活6～7年后才开始割胶,一般产胶寿命只有20年左右;在正常条件下,每亩胶园的干胶产量只有50～100千克。一遇到台风、干旱、病虫等自然灾害,就会大幅度减产,所以首先在数量上不能满足日益增长的需求。

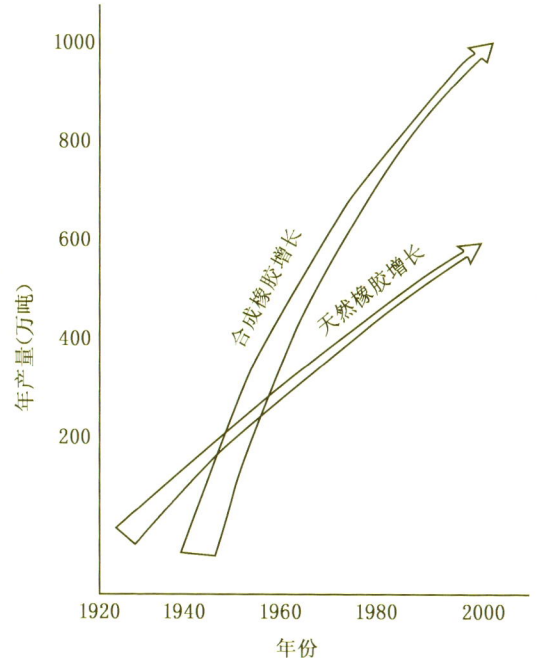

世界天然橡胶与合成橡胶产量增长对比

其次，由于天然橡胶的综合性能很好，特别是它的弹性、黏着性和强度优异，所以至今仍广泛用来制作轮胎尤其是大型轮胎；但随着社会的进步，性能局限的天然橡胶越来越难以适应人类各种各样的需求。例如汽车胎面用胶既要使车辆安全舒适又要耐磨省油；内胎要求有高气密性；越野车和某些长期在恶劣环境下运转的汽车轮胎还要求耐光、耐老化；航天用的橡胶部件往往需要耐几百度的高温；不少设备的衬里既要耐腐蚀还要耐油；用于人体内部的橡胶材料一方面需要长期无害无损，另一方面还需要与人的肌体组织有很好的相容性；有的橡胶制件还要求有抗震吸能性能。满足这些形形色色的要求，只有求助于合成橡胶了。

以下的例子可以说明合成橡胶特有的作用：

（1）顺丁橡胶的弹性与天然橡胶相当，耐磨性却比天然橡胶高 1.5 倍；

（2）乙丙橡胶在 100℃ 左右的使用寿命接近天然橡胶的 100 倍；

（3）丁基橡胶对空气的透过率仅为天然橡胶的 1/10，硅橡胶对氧气的透过率则是天然橡胶的 25 倍。

（4）硅橡胶可在 −100～200℃ 下使用，而天然橡胶一般只能在 −20～60℃ 下使用。

（5）丁腈橡胶有天然橡胶不具备的耐油性能，氢化丁腈橡胶耐酸性介质的能力比丁腈橡胶好 5 倍，而且能在 170～180℃ 下使用。

此外，合成橡胶的原料资源很广泛，石油、天然气、煤炭以至许多农产品都可用来生产合成橡胶。

正是由于以上原因，合成橡胶的发展速度大大超过天然橡胶。2000 年全世界合成橡胶的产量几乎是天然橡胶的 2 倍。如今，整个橡胶产业中合成橡胶的使用比例达到了 60%。

4. 合成橡胶用得最多的单体原料——丁二烯

丁二烯有两种结构，即1,3-丁二烯（$CH_2=CH-CH=CH_2$）和1,2-丁二烯（$CH_2=CH=CH-CH_2$），合成橡胶用的是前者。1,3-丁二烯在常温常压下是无色、略带芳香味的气体，沸点为$-4.4℃$。

从丁二烯的结构式就可以看出，用它合成大分子聚合物完全符合合成橡胶的基本要求，即化学反应活性较强，形成的大分子链非常柔顺，聚合后每个单体单元都含有一个不饱和键，易于有控制地进行硫化交联。

目前生产的合成橡胶中，80%以上要用丁二烯作为主要原料。丁苯橡胶、顺丁橡胶、丁腈橡胶以及大部分胶乳都离不开它。丁二烯中的2/3是用来制造合成橡胶的。

最初大规模生产丁二烯的原料是乙醇，也就是我们习惯称呼的酒精。例如原苏联采取的工艺是将乙醇在360℃通过以著名化学家列别捷夫命名的催化剂，一步便可得到丁二烯。但是这种工艺的反应产率比较低，生产1吨丁二烯差不多要消耗3吨酒精。如果乙醇来源于粮食发酵，就意味着10吨粮食才能生产出1吨丁二烯。我国1960年丁苯橡胶投产后的10余年间，也一直沿用这种方法生产丁二烯。

以石油为原料生产丁二烯是从1939年开始的，第二次世界大战后这种方法迅速占据了丁二烯生产的主导地位。以石油为原料生产丁二烯的路线有裂解碳四抽提法和丁烯、丁烷脱氢法，目前抽提法占绝对优势。

制取合成材料所需的最重要单体——乙烯一般是用轻烃或石油中的石脑油或轻柴油馏分进行蒸汽高温热裂解得到的，裂解过程也同时产生丁二烯和许多其他烃类。其中丁二烯产率的高低取决于原料的性质和操作条件，裂解的程度越深，得到的丁二烯也越多。每吨石脑油一般可得到 40～50 千克的丁二烯；每生产 1 万吨乙烯，可联产 1500 吨左右的丁二烯。目前裂解制乙烯的规模越来越大，一套装置年产乙烯可达 100 万吨以上，全世界裂解制乙烯的年生产能力已达上亿吨，可见以石油为原料能得到又多又便宜的丁二烯。2000 年全世界生产的丁二烯有 90% 以上是从石油裂解得到的。

裂解产生的丁二烯最初混在 C_4 馏分中，必须用合适的溶剂将它从中提取出来。工业上常用的三种方法就是以所用溶剂为标志的 N-甲基吡咯烷酮（NMP）法、二甲基甲酰胺（DMF）法和乙腈（ACN）法。

不论是哪种溶剂，抽提工艺一般都采用两段萃取精馏，即先用溶剂萃取丁二烯及炔烃，把它们与丁烷—丁烯馏分分开，再用同一溶剂在炔烃萃取精馏塔中萃取掉炔烃，得到丁二烯馏分，丁二烯馏分脱除轻重组分后，便得到丁二烯。最近，开发了选择加氢除炔烃的技术，可以砍掉炔烃萃取精馏塔，是丁二烯生产技术的一个重大进步。

这三条工艺路线各有所长。例如：N-甲基吡咯烷酮法的选择性较高，无毒；二甲基甲酰胺法的综合能耗较低；乙腈法的操作温度较低，电耗较小。

值得一提的是，我国曾开发了比较先进的丁烯氧化脱氢制丁二烯工艺路线。我国在 20 世纪 70—80 年代丁二烯严重不足的情况下，这种工艺发挥了显著的效能。丁烯脱氢制丁二烯的方法目前在美国、俄罗斯仍有少量生产。

5. 橡胶的硫化是怎么回事

合成橡胶工厂生产出来的橡胶要加工成为有用的制品，必须经过硫化的工序。习惯上把未经硫化的原料橡胶称为生胶，硫化后的橡胶称为硫化胶。

之所以称为硫化，自然与硫有关。1839年，美国人固特异意外地发现将硫掺入天然橡胶后加热，橡胶的性能改善了许多，英国人首先将这种方法应用于工业生产。一个多世纪以来，尽管硫化的科学含义大大丰富了，但仍沿用这一简单术语。

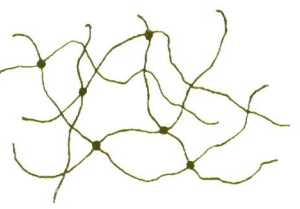

硫化后的橡胶网络结构示意图

生胶是具有线型结构的大分子，在常温下很软，力学性能也很差，不能定型和保存，所以不能直接应用。橡胶硫化实际上是将线型分子交织成网状结构，这个变化过程在广义上应该称为交联。交联时，硫在大分子间起到了架桥和编织的作用，就像是将许多单根尼龙丝编成渔网一样。硫化后，橡胶的强度、硬度、弹性、抗溶剂性能都发生显著变化，这样的橡胶才有实用价值。

随着科学技术的进步，人们逐渐认识到，硫化只不过是大分子间相互交联的一种特定形式，而且主要是针对不饱和橡胶而言。除硫外，许多化学物质如过氧化物、金属氧化物、胺类化合物都可以使橡胶大分子交联，这些物质也都可称为硫化剂。有些橡胶不用硫化剂，用电子束或伽马射线照射也可交联。

硫化为什么能改变橡胶的性能呢？

根本的原因在于线型聚合物变为网状聚合物后，分子链的自由运动受到限制；而与此同时，网状分子中仍然保留着相当多有活动能力的链段，于是变成强度和弹性兼而有之的橡胶。

橡胶硫化后，与渔网的编结点相类似，会形成许多交联点。两个交联点之间链段的平均分子量称做交联分子量。单位体积含有交联点的数目称为交联密度。交联分子量越大，交联密度越小，也就是硫化程度越小。交联密度要适中，否则，弹性就会受到损失。

工业中常常使用硫化促进剂，因为单独用硫来硫化，反应效率实在太低。例如在用硫来硫化天然橡胶的初期，生成一个硫交联键需要53个硫原子，后期也仍然需要44个硫原子。而使用硫化促进剂后，橡胶硫化所需的能量就明显减小，不到10个硫原子就可形成一个交联键。促进剂不仅可以提高硫化效率，还可改进硫化胶的力学性能和耐老化性能。

硫化促进剂几乎全是有机化合物，其种类繁多。例如通用合成橡胶常用的促进剂就有噻唑类及次磺酰胺类等数十个品种。

为了进一步改进橡胶的交联状况，工业中还广泛使用硫化活化剂。这些活化剂往往由金属氧化物与脂肪酸或金属皂结合而成。我们在一些实用的硫化技术中经常采用的便是这种硫化剂—促进剂—活化剂三位一体的硫化体系。

6．石油、天然气是合成橡胶的原料宝库

合成橡胶的基本原料自然是聚合用的单体，它主要是拥有共轭双键的二烯烃和烯烃及其衍生物。以我们常说的七大通用

胶种为例，它们一共采用 8 种主要单体，其中的 5 种即乙烯、丙烯、丁二烯、异戊二烯、异丁烯都直接来自石油裂解，另外 3 种即苯乙烯、氯丁二烯和丙烯腈也是以石油裂解产品为原料合成的。为了改进合成橡胶性能而使用的另外一些数量较少的特殊单体，也都可以用石油裂解的基本产品加工而得。

大家知道，石油主要是各种烷烃、环烷烃和芳烃的混合物。炼油厂采用常压、减压分馏等物理方法可将石油分离为石油气、汽油、煤油、柴油、石蜡、沥青等重要物质，但却不能从中直接获取生产合成橡胶所需的烯烃和二烯烃单体。所以必须采取用石油轻馏分进行热裂解或催化裂解的方法来制取合成橡胶工业也是石油化学工业需要的乙烯、丙烯、丁二烯和芳烃。例如世界上著名的鲁姆斯裂解炉，每吨原料裂解大约能得到以下数量的各种烃类产品。

原料	乙烯(千克)	丙烯(千克)	丁二烯(千克)	芳烃(千克)
乙烷(1吨)	840	14	14	4
丙烷(1吨)	450	140	20	35
正丁烷(1吨)	440	173	30	34
石脑油(1吨)	344	144	49	140
轻柴油(1吨)	287	148	48	166

各种原料裂解产物产率

异丁烯 60% 以上来自蒸汽裂解制乙烯装置和炼油厂催化裂化装置的副产 C_4 馏分，异丁烯在上述两种馏分中的体积比分别约为 40% 和 15%。

天然气和人民生活的关系越来越密切，它作为一种和石油同等重要的能源，必将在工业中发挥越来越重要的作用。合成橡胶中氯丁橡胶用的单体——氯丁二烯，就可以通过天然气部分氧化制取乙炔，然后经二聚、与氯化氢加成而制得。应该说，石油裂解的许多产品都可以由天然气转化得到。随着能源的演变和转化，它完全有可能成为合成橡胶的另一个原料宝库。现在，各国科学家正致力于采用天然气制取乙烯的研究开发。

7. 聚烯烃树脂的近邻——乙丙橡胶

乙丙橡胶和聚乙烯、聚丙烯同属于聚烯烃，它们不但是近邻，而且有着亲缘关系。

大家知道，聚烯烃树脂是塑料中产量最大的品种。实际上，分子量达到一定程度的聚烯烃，只要不结晶，都有一定的弹性。但当乙烯丙烯共聚物中的乙烯摩尔含量在45%～70%时，表现出的橡胶性能最好。乙烯结合量如果过低或过高，都会使聚合物发脆。

仅以乙烯和丙烯为单体共聚得到的橡胶称为二元乙丙橡胶。这种橡胶除链端外是不含双键的，只能用过氧化物交联，所以大都需要加入少量第三单体（主要是亚乙基降冰片烯或双环戊二烯）来提供硫化点后，才能制成性能更好的三元乙丙橡胶。

乙丙橡胶最突出的性能是耐老化，它有长期经受严寒、炎热、干燥、潮湿的能力，可在 100～120℃ 长期使用，不会像一般橡胶那样容易发生裂纹。因此，乙丙橡胶在各种密封件、耐热胶管、防水卷材以及绝缘防护材料的应用方面特别受到欢

迎。可以说，乙丙橡胶是用途最广泛的合成橡胶，所以它的发展速度也比其他橡胶快。

乙丙橡胶在原料、催化剂体系、合成工艺、基本性质乃至加工应用方面与聚烯烃树脂有许多相同或相似之处，它们互相有一种难以分舍的相依关系，人们将这种现象称之为"橡塑合流"。

包括乙丙橡胶在内的聚烯烃，传统上都采用齐格勒—纳塔催化体系来聚合。随着20世纪80年代另一类高活性催化剂——茂金属催化剂的问世，1997年6月，茂系乙丙橡胶也在美国实现了工业化。这类催化剂的聚合活性比传统催化剂要高2～3个数量级，每克钛金属可生产150千克以上的橡胶，橡胶的生产工艺流程简化，产品质量也更好。

生产乙丙橡胶一般用的是溶液或悬浮聚合法。美国从20世纪90年代初就致力于开发乙丙橡胶的气相法，试图把他们生产聚乙烯的工艺嫁接到乙丙橡胶的生产中，几经周折，终于在20世纪末初步实现了工业化。

乙丙橡胶和聚烯烃类热塑性弹性体则更属于一个家族。随着各种新型催化剂的发现，在这个家族内不断出现新成员，它们之中的杰出代表是乙烯—辛烯共聚物和乙丙热塑性共聚物。乙丙橡胶将来肯定还会有更多的"兄弟和近邻"。

8．合成橡胶中的老大——乳聚丁苯橡胶

第一次世界大战后，乳液聚合技术取得重大进展，合成橡胶原来采用的笨重而低效的本体聚合法很快被乳液聚合法

所取代。

乳液聚合是在水作为分散介质的反应体系中进行的，体系中含有少量的皂类乳化剂和水溶性引发剂。这种聚合方法的主要优点是反应一般进行得很平稳，不需要使用价格较贵而且回收比较麻烦的有机溶剂；反应体系在整个过程的流动性很好，散热不成问题；更重要的一点是在较快的反应速度下能得到分子量很高的聚合物。当然，乳液聚合也存在着橡胶后处理流程较长、动力消耗较大等缺点。

可以毫不夸张地说，乳液聚合技术奠定了合成橡胶工业化的基础。至今，这种方法仍然是合成橡胶生产用得最多的方法。

德国在乳液聚合丁苯橡胶的开发中处于领先地位，他们在1937年建成世界上第一个乳液聚合丁苯橡胶生产装置。第二次世界大战期间，由于天然橡胶来源不畅，美国也迅速发展了丁苯橡胶，1942年生产了3.7万吨，1944年就猛增到67万吨。

初期生产的丁苯橡胶都是在50℃下聚合的所谓"热法"。其实在这以前人们就知道，聚合温度低一些的产品的物性更好，只是不能忍受在较低温度（包括室温）下那么漫长的聚合反应时间。直到二次世界大战后不久开发出能适用于较低温度的氧化还原引发剂才解决了这一难题。如今一般都采用5℃聚合的所谓"冷法"，因为聚合介质用的是水，所以温度就不能再低了。

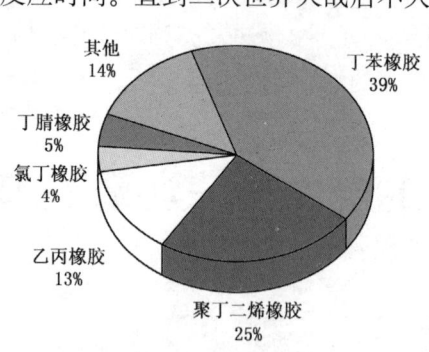

各种合成橡胶的
耗用量比例（2001年）

聚合温度降低后，聚合物的组成更加均匀，强度显著提高，耐磨性更好了，在反复弯曲下也不容易开裂，这些性能显然对制造轮胎十分有利。

继"冷法"聚合技术开发成功之后，20世纪50年代初，充油丁苯橡胶又实现了工业化。每100份橡胶可添加15～50份的油。与橡胶相溶性最好的是芳烃油，其次是环烷油和直链烷烃油。环烷油的颜色较浅，常用来制造浅色橡胶制品。丁苯橡胶充油后，既可降低成本，又改进了橡胶的低温曲挠和加工性能；充油丁苯橡胶制的轮胎在行驶中生热也较小。

为了方便用户使用和加工，在乳液聚合丁苯橡胶生产过程中还可掺加20%左右的炭黑，制成炭黑母炼胶。

乳液聚合丁苯橡胶的综合性能好，它的物理机械性能、加工性能和使用性能都接近天然橡胶；其耐磨性、耐热性、耐老化性和硫化速度等还优于天然橡胶，加上丁苯橡胶的生产历史悠久、规模大和品种多，在相当一段时间内它的产量占到合成橡胶总产量的一半左右。近年来虽然产量和所占比例有所下降，但仍位居合成橡胶的榜首。常用的乳液聚合丁苯橡胶有1000、1500、1600、1700、1800等5个系列上百个牌号，到处都能看到它的足迹。

9. 需要在零下100℃低温下生产的丁基橡胶

丁基橡胶是异丁烯和少量异戊二烯共聚得到的橡胶。它主要有两个特点：一是要在零下100℃生产；二是橡胶的气密性特别好。

为什么丁基橡胶的聚合温度要这么低？因为只有在低温下才能得到高分子量的产品。试验结果表明：聚合度的对数与聚合绝对温度的倒数成正比，聚合温度每提高1℃，聚合物的分子量降低约3000。为什么这样？主要是因为丁基橡胶的聚合反应速度特别快，温度越高副反应就越厉害，难于达到理想的聚合。

丁基橡胶的气密性特别好，这也是由它的大分子结构所决定的。在丁基橡胶长分子序列中排布着许多甲基，它们形成一道道屏障，阻碍着主链的活动性，也减少了分子内部的自由空间。正是这样的结构也同时造成丁基橡胶的弹性较差，但却带给它抗震和吸收能量的特性。

如果按25℃时空气对橡胶的穿透能力计算，丁基橡胶大约只是丁苯橡胶的1/10，天然橡胶的1/25，顺丁橡胶的1/100。

丁基橡胶的上述特性使它特别适用于制造各种内胎。丁基橡胶制的内胎既可长期保持轮胎的气压，有效地保护外胎，从而延长整个轮胎的使用寿命，又有利于汽车的节油与行驶安全。另外就我们熟悉的自行车而言，它的内胎一般是用天然橡胶制作的，每隔3～5天就得打一次气，而用丁基橡胶制的内胎可以在两三个月内不打气，真是方便多了。

用于生产丁基橡胶的方法和聚合反应器也与众不同。聚合时反应器内的液体呈淤浆状，叫做淤浆聚合，而不是一般采用的溶液或乳液法。聚合反应器内除搅拌器外，还装了数百根乃至上千根通有液体乙烯制冷剂的管子，靠乙烯的蒸发来维持聚合的低温。

丁基橡胶的特殊结构使得它硫化比较困难、黏结性比较差以及与其他聚合物不容易共混。所以现在有一半以上的丁基橡胶通过氯化或溴化处理，制成卤化丁基橡胶。这样既保留了丁基橡胶的优点，又克服了上述缺点，其耐热性能也得到改善。卤化丁基橡胶广泛应用于无内胎轮胎中的内衬层，当然它的价格也比普通丁基橡胶贵了不少。

10. 酷似天然橡胶的异戊橡胶

从 1860 年威廉斯最早通过干馏天然橡胶得到它的基本单元组成物——异戊二烯后,各国科学家便不遗余力地设法使异戊二烯聚合成类似天然橡胶的合成橡胶。

实现这个目的并非易事,首先难在异戊二烯的结构比丁二烯复杂。异戊二烯聚合时,链节单元相互结合有 1, 2-、3, 4-、顺式 1, 4- 和反式 1, 4- 等 4 种形式,而每种结合形式从立体空间的角度看又多种多样,所以聚合物的结构相当复杂,合成时要考虑的因素和条件也要比丁二烯聚合多得多。例如异戊二烯固然也可用类似合成丁苯橡胶的乳液聚合法制取橡胶,但所得橡胶的结构与天然橡胶却不同,性能也不好。

目前,合成异戊橡胶实现工业化只有用烷基锂和齐格勒—纳塔引发剂两种路线。当前工业生产的异戊橡胶主要采用三异丁基铝—四氯化钛引发体系。标志高弹性的顺式 1, 4- 结构含量可达 96% 以上。这种异戊橡胶经过配料加工和硫化后,其物理机械性能可与天然橡胶媲美,下面的对比数字可以证明这一点。

参　　数	合成异戊橡胶	充油异戊橡胶	天然橡胶
拉伸强度(兆帕)	25.5	20.9	26.9
300%定伸强度(兆帕)	11.1	9.04	13.54
扯断伸长率(%)	520	530	550
回弹性(%)	71	73	72

然而合成的顺式异戊橡胶毕竟与天然橡胶有所不同。天然橡胶的分子量较高，而且含有百分之几的非橡胶组分，如脂肪酸、蛋白质和树脂状物质。这些物质既对硫化有促进作用，又使天然橡胶的生胶强度比异戊橡胶要高，但异戊橡胶的加工比较容易，弹性也胜出天然橡胶一等。

除了一些大型的和技术性能要求高的轮胎外，异戊橡胶可广泛地作为天然橡胶的代用品。目前异戊橡胶发展受到限制的主要原因是单体异戊二烯的来源较少以及其价格比天然橡胶相对较高。现在大量生产异戊橡胶的是俄罗斯，其产量占到全世界异戊橡胶的 90%。

11. 组成单一而结构性能多样化的聚丁二烯橡胶

前面已经讲过，丁二烯是制备合成橡胶用得最多的单体原料，用丁二烯一种单体生产的聚丁二烯应该说是化学组成最简单的合成橡胶。当然这里说的丁二烯是指的 1, 3-丁二烯，它的孪生兄弟 1, 2-丁二烯并不能直接聚合成橡胶。

1, 3-丁二烯（$CH_2=CH—CH=CH_2$）的结构十分规整，它的聚合发源地是在双键位置。如果我们把它上面的碳原子按顺序排列为 1, 2, 3, 4 的话，不同的催化体系可让它在聚合时按 1, 4- 或 1, 2- 位置加成，1, 4- 加成聚合时得到 1, 4- 聚丁二烯，1, 2- 加成聚合时则得到 1, 2- 聚丁二烯。

1, 4- 聚丁二烯从大分子立体空间结构的观点来看，又可分为顺式 1, 4- 聚丁二烯和反式 1, 4- 聚丁二烯两种构型。前者 C=C 键上相连的两个氢原子排列在分子链的同一侧，后者则不在同一侧。

1,2-聚丁二烯按分子排列组合方式的不同又可分为等规、间规和无规三种构型。

我们从分子结构的概念出发，就可以联想到：1,4-结构特别是顺式1,4-结构的聚丁二烯分子显得那么舒展，正是橡胶的理想选择，事实上也果然如此。顺式1,4-聚丁二烯即我们常说的顺丁橡胶具有优越的弹性，而且特别耐寒，是制造轮胎的好材料。

轮胎的生产厂商固然对1,4-结构的聚丁二烯情有独钟，然而1,2-结构对改善橡胶的加工性能，平衡轮胎的抗湿滑性与滚动阻力方面起着不可替代的作用。当然，如果1,2-结构含量太高的话，就变成塑料了。

现在工业上大量生产顺式1,4-含量在96%以上的顺丁橡胶，采用的分别是镍、钛、钴和稀土金属催化体系，也就是齐格勒—纳塔催化剂。顺丁橡胶的缺点是加工性能和抗湿滑性不理想，所以常常和其他橡胶混合使用。

工业生产的还有以烷基锂为催化剂的顺式含量在40%左右的低顺式聚丁二烯橡胶，简称低顺丁橡胶。这种橡胶有良好的低温性能，产品纯度高，溶液黏度低，广泛地用于改性塑料。

工业生产的还有中1,2-聚丁二烯，又称中乙烯基聚丁二烯橡胶，它的1,2-链节含量为35%~65%，这种橡胶的综合性能好，并且有一个显著的优点，就是用它制造的轮胎在快速行驶中产生的热量较低，而且抗湿滑性好，牵引力大，很适宜在制造飞机轮胎时掺和使用。

1,2-链节含量在65%以上的聚丁二烯称为高1,2-聚丁二烯橡胶，它在橡胶加工中一般用作改性材料。

如果在拉伸下易于结晶，自然会影响橡胶性能。高反式1,4-聚丁二烯在通常情况下是一种结晶状物质，其硫化橡胶虽然具有很高的强度，但弹性却很差，所以不适合作为弹性体使用；而高顺式1，4-聚丁二烯在室温下不会产生拉伸结晶，可以放心使用。

12. 跻身于橡胶和塑料之间的新家族——热塑性弹性体

传统的合成橡胶在加工过程中都需要经过硫化这道工序，硫化既费时费力，又要消耗不少的能量。

20世纪50年代以后，一类新型的橡胶迅速发展，这便是热塑性弹性体。这类橡胶在加热时像塑料一样有可塑性，完全可以用加工塑料的方法加工，加工产生的边角料还可回收再利用；而在常温和较低温度时又像橡胶一样，它的物化性能往往介乎传统橡胶和塑料之间。

热塑性弹性体的分子结构与传统橡胶不同。大多数热塑性弹性体的分子由两部分组成，一部分称作硬段或硬区，呈现塑料性能；另一部分称作软段或软区，呈现橡胶性能。两部分整合的结果，使材料的性能具有两重性。例如当前产量最大的丁苯热塑性弹性体（SBS）就是由聚苯乙烯硬段和聚丁二烯软段相互嵌接而成。

合成SBS靠的是活性聚合技术。所谓活性聚合就是只要没有外来杂质，聚合反应可以不停地进行下去。在科学家的驾驭下，这项技术已成为一种十分有趣的技巧性工艺。我们可以按照设计制造出各种结构式样的产品，而且生产工艺也可灵活多样。例如，我们可以让苯乙烯先聚合，反应过半时加入丁二烯，让丁二烯抢先接着有活性的聚苯乙烯链段聚合，最后再让

另一半苯乙烯聚合,这样便生成了三嵌段形状的 SBS。

硬段和软段的性质及其比例无疑对产品的性能有重要影响,SBS 中的聚苯乙烯嵌段同时还起着补强剂的作用,所以 SBS 的拉伸强度相当高,几乎与丁苯橡胶一样,而且伸长率更大一些。

为了进一步改进性能和降低生产成本,SBS 一般要掺入大量的填料、树脂和油品。SBS 主要用在制鞋、沥青改性、塑料改性和黏合剂等。在制鞋方面,由于 SBS 生产成本低,加工工艺简单以及性能优良(包括弹性、抗湿滑性、低温屈挠性和轻便性等),在我国已成为鞋底材料的主导产品。改性沥青可用于铺覆路面及作为防水材料。以铺路为例,SBS 改性道路沥青可避免普通沥青在夏季高温时路面老化、黏胎和在冬季发生低温脆裂、疲劳开裂等问题,不但大大提高路面寿命,还大大提高乘车舒适性和安全性。我国"国门第一道"的首都机场高速公路就采用了 SBS 改性沥青。

SBS 热塑性弹性体的优点不少,可是缺点也很明显:随着温度的升高,它的机械力学性能迅速变坏;另外,它容易变形,耐热老化性能也不理想。后来又开发生产了氢化 SBS,在一定程度上克服了这方面的缺点。

有嵌段结构的热塑性弹性体还有聚氨酯和聚酯等。

在热塑性弹性体中还有一类比较重要的产品是聚烯烃共混型热塑性弹性体。将聚烯烃与某些可硫化的传统橡胶在强力作用下分散混合,同时进行动态下的硫化,可以得到海—岛形状的热塑性橡胶。在这里,大海是聚烯烃分子,小岛则是由比头发丝还细的硫化橡胶分子组成,习惯上把这种橡胶称之为热塑性硫化胶,它的耐热性与耐变形性能要比 SBS 好,但是价格较贵。动态硫化技术的进步,使共混材料的强度、弹性、耐热性及耐溶剂溶胀性、抗屈挠疲劳性乃至加工性能都有显著改善,现在已能得到质地很软、变形性能接近一般硫化橡胶,又易于加工的热塑性硫化胶。

最近,热塑性弹性体的制造技术又迈上新高峰。人们在气相反应器内使用多种高效催化剂直接合成出以聚丙烯为主体的聚烯烃类弹性体。

热塑性弹性体的形象,时而出现在塑料行业,时而出现在橡胶行业,它和两个行业都有着血缘关系。热塑性弹性体的发展适应保护生态、改善环境的大趋势,如今它已广泛应用于汽车、建筑、家具、电器、食品包装、医疗等行业。自20世纪70年代以来,它的增长速度远远超过一般的合成橡胶,而且发展前景看好。热塑性弹性体的消费量占整个合成橡胶的份额已由1990年的6%提高到2000年的10%以上。

13. 轮胎是怎样制造出来的

如今,全世界的汽车保有量大约为5~6亿辆,每辆车都离不开轮胎。此外,天空飞行的飞机也不能没有轮胎。仅在2000年全世界就生产了将近12亿条轮胎。

1888年英国人邓录普发明了充气轮胎,为交通运载工具带来了巨大的生机。大家自然会联想到，汽车轮胎内充满压缩空气后，可比原先使用的实心轮胎强多了，汽车行驶速度大大加快，人们乘坐也舒适得多。

轮胎是一种复合材料，它的结构其实和自行车轮胎相似，是由多层纤维帘布增强的橡胶制成的外胎和充入空气并保持良好密封性的内胎以及保护内胎免受磨损的垫带组成。外胎是由帘布层、缓冲层、胎面胶、胎侧胶和胎圈等部件组成的。从大的方面讲，轮胎也可以说是由胎体、胎面和胎圈构成的。纤维帘线补强的胎体和建筑上采用的钢筋混凝土是一个道理，只有这样，才能承受更大的应力。现代化的轿车轮胎则几乎都没有内胎，仅仅在外胎的最里面有一层厚厚的气密层，安装时将外胎直接严密地固着在轮辋上。无内胎的轮胎安全性好，使用寿命长。

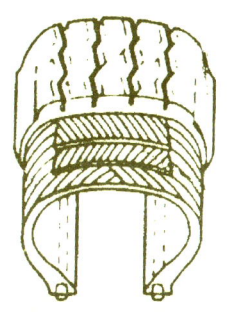 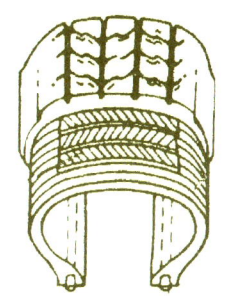

斜交轮胎结构　　　　子午线轮胎结构

根据帘线排布方向的不同，轮胎可分为传统的斜交胎和现代化的子午胎两大类。前者有些像我们看到的"斜纹布"的纹路，后者则是按地球子午线形式排列的。子午胎是1948年法国人米其林发明的，这是轮胎发展史上的一次重大革新。子午胎由于结构上的优越，比斜交胎节油耐用，行驶过程生热小，而且驾驶操纵性能好，更安全舒适，目前世界上子午胎已占到轮胎总产量的 90% 以上。

制造轮胎的关键设备是成型机。斜交轮胎在鼓式成型机上一次成型，而子午胎则一般采用两段成型，第一段成型胎体并贴上胎侧胶，第二段再贴上钢丝带束层和胎面胶。整个制造轮胎的过程可不简单，要经过大大小小十几道工序，采用编织机、炼胶机、密炼机、压延机、挤出机等众多橡胶加工设备，是一个费时费力的工艺。

在成型机组装成的产品只是个胚胎，也叫"生胎"，还要通过加热加压硫化，再加以整修，才能制成最终的产品。轮胎小的只有 3～5 千克，大的则有上百千克，某些工程用的巨型胎更是庞然大物。轮胎飞转固然是现代文明的一个标志，但上亿条堆积的废旧轮胎也给人类生存环境带来麻烦和亟待解决的新课题。

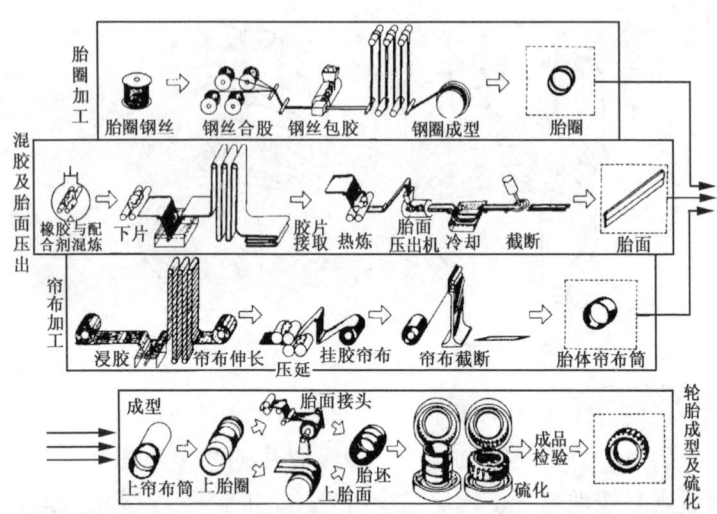

轮胎制造工艺流程示意图

14. 什么样的橡胶制成的轮胎既省油又安全

现代生活离不开汽车,随着人们节能意识的增强,对汽车轮胎质量的要求也越来越高。因为节省燃料既可带来直接的经济效益,又可减少对环境的污染。许多发达国家在不断提高汽油质量的基础上,制订了有关限定汽车耗油量的法规。例如美国就强制规定从 2001 年起,每加仑(1 加仑约合 3.785 升)汽油至少能跑 40.2 英里(1 英里大约等于 1.6 千米)的路程,这比 1996 年的指标提高了 16%。

大家都知道,轮胎在地面滚动行驶时是有阻力的。一辆轿车的总能耗中,大约 1/5 就是用来克服滚动阻力的,而轮胎胎面受到的阻力又几乎占到其中的一半。试验结果表明:轮胎的滚动阻力减少 10%,车辆的燃料消耗便可降低 1%。

单纯地降低轮胎的滚动阻力并不难,顺丁橡胶就以耐磨、高弹性和滚动阻力低而著称。但是,滚动阻力低的同时带来一个麻烦,就是轮胎的抗湿滑性能不好,也就是对地面的抓着性能不好,这样就容易出事故。

在相当长的一段时间里,人们认为滚动阻力与抗滑性是一对难以克服的矛盾,但到 20 世纪 80 年代初,这种观念发生了变化。因为借助活性阴离子聚合技术发展起来的溶液聚合丁苯橡胶,在灵活调节分子结构方面有着得天独厚的便利,而传统的乳聚丁苯橡胶和顺丁橡胶在这方面望尘莫及。20 世纪 80 年代中期,第二代溶液聚合丁苯橡胶的问世,不但使滚动阻力比乳液聚合丁苯橡胶降低 30%,抗湿滑性也提高了 3%,耐磨性则提高了 10%。

在此基础上，研究人员深入研究分析了影响轮胎动态性能的各种因素，将胎面胶的耐磨性、低温性能、牵引性能、滚动阻力、生热等与对应的理想结构特征相关联，得出最大可能接近各项目标值的动态性能曲线，然后集理想结构之大成，设计并合成出所需要的橡胶，所以也叫集成橡胶，有人称它为第三代溶液聚合丁苯橡胶。

美国 20 世纪 90 年代初已有这种橡胶问世。它是由丁二烯、异戊二烯和苯乙烯三种单体合成的，这是当代最理想的胎面用胶，用它制成的轮胎既省油又安全。第二代溶液聚合丁苯橡胶的合成技术和产品性能也在不断改进之中。

15. 橡胶为什么会老化

人会变老，橡胶也会老化。

橡胶用久之后，有的会变软发黏，有的会硬化发脆。在日常生活中，我们经常能看到有些用旧的轮胎侧部产生沟沟坎坎的裂纹，专业上叫做龟裂。在这种情况下，橡胶原先的弹性、强度显著下降，这些现象就叫做老化。

老化是在各种外部因素影响下橡胶结构发生变化的结果，其中最普遍的是热和氧作用下产生的热氧老化。100 多年前就已得到证实，橡胶老化完全是氧造成的，而热、光和金属则是橡胶老化的促进剂。

橡胶加热到一定温度还会发生降解，例如天然橡胶超过 200℃ 就开始分解出低分子物质。橡胶热稳定性的好坏主要取决于其化学组成和结构，硅橡胶和氟橡胶的热稳定性就比通用橡胶好。在通用橡胶中，顺丁橡胶的热稳定性最好，丁苯橡胶次之。

在氧的参与下，各种橡胶的老化结果是不一样的。天然橡胶和异戊橡胶以及丁基橡胶在热氧老化过程中主要是大分子链发生断裂，变软发黏；而丁苯橡胶、顺丁橡胶、丁腈橡胶以及三元乙丙橡胶在热氧老化过程中主要是断链后的产物交织在一起，破坏了橡胶的弹性结构，于是就变硬发脆。

橡胶热氧老化的祸根在它的不饱和键上。天然橡胶和一些通用合成橡胶每1000个碳原子就含有150～250个双键，这些部位最容易发生化学反应，所以它们的热氧老化性能都不好，尤其是天然橡胶。而结构趋于饱和的硅橡胶、氟橡胶、丁基橡胶、乙丙橡胶、聚氨酯橡胶、丙烯酸酯橡胶等则属于耐热老化的弹性体。

橡胶的老化虽然不能完全避免，但却可以延缓，最方便有效的措施就是加入防老剂。防老剂能捕捉橡胶热氧老化过程产生的有活性物质，从而起到保护橡胶的作用。防老剂的种类繁多，比较常用的有胺类和酚类两大系列，加入量一般为橡胶重量的1%～1.5%。

16. 为什么要对合成橡胶进行化学改性

为什么要对合成橡胶进行化学改性得从两方面说起。一是不论哪种橡胶都有性能上的缺陷。例如：以二烯烃为分子主干的不饱和橡胶普遍存在耐热氧老化和耐热性较差的毛病；大多数通用橡胶不耐溶剂浸泡，黏着性不好；某些饱和橡胶虽然比较耐热、耐老化，但与其他材料的混溶性不好，加工不方便。

二是随着科技的进步，轮胎和其他工业对合成橡胶使用性能的要求越来越高，而且要经受得起汽油的侵蚀。如石油及天然气钻探的深度和难度愈来愈大，要求在井下工作的橡胶部件既要耐温，又要耐油和耐酸性介质的腐蚀。

对不饱和橡胶而言，加氢是一种普遍采用的改性方法。例如在20世纪70年代，美国的两家公司就开发了SBS的加氢产品——SEBS，从而把这类材料的使用温度提高了30℃，耐热氧老化性能大大改善，使用寿命也大大延长。另一个加氢改性的典型例子是20世纪80年代初投产的饱和丁腈橡胶，这种橡胶的价格虽然比普通丁腈橡胶要贵上10倍，但它的应用价值高，既能耐160℃的高温，又经得起油类和各种酸性介质的折磨，只有它能胜任油气井钻探设备用的密封等橡胶部件。

卤化（包括氯化、溴化等）也是一种常用的改性方法。卤化的主要目的是提高橡胶的黏着性，改善它与其他材料的相容性和共硫化性能，此外还可提高橡胶的力学性能。卤化丁基橡胶便是这类改性材料的典型代表，使用卤化丁基橡胶可以直接制成轮胎的内衬密封层，由于它保持了丁基橡胶的气密性，又能和其他橡胶很好地黏附在一起，于是就不再需要汽车内胎，成为比较简单省事的无内胎轮胎了。

化学改性的方法很多，例如还有氯磺化、环氧化、羧酸化、离子化、接枝、活性端基改性等等。

化学改性有时会赢得令人惊叹不已的效果。例如天然橡胶的气密性和耐油性本来都不好，但经过环氧化改性后却一反常态，耐油性向丁腈橡胶靠拢，气密性则与丁基橡胶接近。

如今，每种橡胶都有一连串的改性品种问世，从而使合成橡胶的园地更加多姿多彩。

17. 合成橡胶胶乳与我们的生活同在

合成橡胶的胶乳产品在我们的生活中几乎是无处不有。一本本精美的书刊，柔软舒适的海绵衬垫，伴着儿童欢乐飘起的五彩缤纷的气球，各种漂亮款式的地毯，精致的皮革制品等等，到处都有合成胶乳的踪影。

合成橡胶胶乳的外观有点像牛奶，它是细微的橡胶粒子分散在水中形成的乳状液体，其中橡胶粒子的直径一般小于1/1000毫米。天然橡胶便是用从橡胶树上割下的胶乳经过处理制成的。一个多世纪以前，人类就利用天然橡胶胶乳制取防水雨布。

概括起来说，合成胶乳是用两种工艺制取的。由乳液聚合方法制造合成橡胶时可直接得到胶乳，用其他方法制造的合成橡胶，可先将它在溶剂中溶解，再加水在高速搅拌的情况下乳化，最后再将溶剂蒸发脱除后制得。合成胶乳的生产虽然貌似简单，但却是一门精细的制造技术。首先必须控制好胶乳粒子的大小、形状以及体系的黏度和酸碱度，其次要调节好胶乳中固体物质的浓度，还要设法让胶乳能比较长期地保持稳定，不能出现凝聚结团的现象。聚合后，有相当量的未反应单体残留在胶乳中，必须将它们脱除干净，否则既会影响使用，又会对人的健康和环境卫生不利。合成胶乳在贮存运输中还得注意冷暖，有时包装桶还得用氮气密封保护。

几乎所有的橡胶都有与它相应的胶乳，产量占80%以上的是丁苯胶乳，而丁苯胶乳中90%是羧基丁苯胶乳。合成羧基丁苯胶乳用的单体是丁二烯、苯乙烯和少量的不饱和羧酸，由于有羧酸存在，可以用氧化物固化，就不必再用不怎么讨人喜欢的硫磺了。

与固体橡胶相比，合成胶乳的加工另有其一套别致的工艺。合成胶乳可以用在纸张加工、地毯、涂料、胶黏剂、海绵橡胶及薄膜等制品，所有这些都与人民的生活密切相关。胶乳处理纸张时一般是用涂布机将调和好的胶乳浸渍并涂在纸张上，然后烘干压光。纸张处理最常用的是羧基丁苯胶乳。经胶乳处理后的纸张，韧性、光泽、防水性、耐久性、油墨吸收性及印刷质量都会显著提高，现在的高级纸张都需要这样的处理过程。

不同胶乳的制品有不同的性能，所以要挑选合适的原料胶乳。例如耐油手套要用羧基丁腈胶乳生产，高空探测气球最好用丁基胶乳制造，海绵衬垫要用高固体含量的丁苯胶乳制造，阻燃型地毯背衬黏合剂最好用偏氯乙烯—丁二烯胶乳生产。

18. 有不含碳原子的无机合成橡胶吗

绝大多数合成橡胶的大分子主链都是由 C—C 键组成的，人们将它叫做有机橡胶。另外有些橡胶例如硅橡胶，虽然它的主链是由硅与氧元素组成，但与之相连接的基团也还是含 C 的有机基团，这种橡胶在形式上可以看作是有机与无机结合在一起的橡胶。总之，合成橡胶似乎都离不开 C 原子。

然而有一种叫做聚磷腈的合成橡胶却很独特，在它的初始分子结构中只有磷（P）、氮（N）、氯（Cl）三种元素，除非在改性时其中的氯原子被含有碳的醇氧基所取代，否则就根本看不到碳的影子,所以人们叫它无机橡胶。

合成聚磷腈橡胶用的原料是五氯化磷和氯化铵,它们反应后先生成一种比较古怪的中间产物——白色而容易挥发的环状结构物,随后将它加热熔化,就变成一种橡胶状物质——聚二氯磷腈。聚二氯磷腈的分子上带有氯,因而容易水解成为磷酸铵和磷酸,所以必须将其中的氯用别的耐水解基团置换掉,才有实用价值。

聚磷腈橡胶有着优良的低温性能。如果大分子上的氯被含氟的醇氧基取代,可在 $-60 \sim 205\,℃$ 的范围内经受许多溶剂的侵蚀。它一点也不怕水,却能与人体细胞组织特别是和血液很好地溶合在一起,并能缓慢地分解,而且分解生成的产物对人没有毒害作用。这样,外科医生便有可能将它用于人体组织的缝合等方面。聚磷腈衍生物还可制作人造心脏瓣膜及人体部分器官,是良好的生物医学材料。

聚磷腈橡胶引起人们兴趣的还有它的阻燃性和耐氧化性。燃烧时它迅速焦化,不会形成扩散的火焰,生成的烟雾也特别少。

因为在一般场合没有它的用武之地,所以聚磷腈橡胶的产量很少,但是它所具有的与众不同的特殊性能给人们留下了深刻的印象。

19. 在外科和骨科医疗中一显身手的硅橡胶

硅橡胶的分子主干是由硅原子和氧原子组成的。这种结构的橡胶特别稳定,在露天放置20年,物理机械性能也不会有多大改变。它还特别耐热耐寒，在150℃高温下的使用寿命可达数年，即使在300℃也能连续用上半个月，而将它冷到−120℃也仍然能保持橡胶的柔性。虽然它的机械性能不够理想，但却能在很宽的温度范围保证性能的稳定。这种极其宝贵的性质，我们在高分子材料中很难找到第二种。另外，虽然硅橡胶本身的强度不高，但在加入特殊的填料后，竟可神奇般地将材料的拉伸强度提高40倍。硅橡胶还有一个超群的性能，就是它的气体透过性能在所有合成橡胶中是最好的。从医学的观点看，硅橡胶还有一个极其宝贵的性能，就是它与人体组织可以亲密无间的相处，在人体内部，它既有很强的排水性，也不能被人体组织所同化，可以放心使用，这种现象在医学上称之为生理惰性。

50年前，人们就注意到硅橡胶的这些特性并开始把它应用到外科手术上，于是陆续有不少患者装上了用硅橡胶制作的指关节、假手、假耳、颌骨、人造乳房等等。这些人造器官植入人体后，能与周围的真皮及皮下组织和谐地相容，不会产生排斥效应，再加上美容处理，就像真的一样了。硅橡胶还能制成人体内长期或短期使用的排液管、导管等。硅橡胶在医疗方面的应用在合成橡胶中是独一无二的，它帮助无数患者减除了痛苦，改善了他们的生活质量。

当然，硅橡胶的用途决不仅限于此。它是一种性能卓越的密封材料、绝缘材料和分离膜，可广泛应用于电子电器、机械、建筑、化工等部门；硅橡胶在汽车中可用于制造软管、轴封、

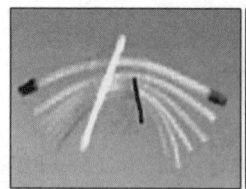

硅橡胶制品

化装置。

将废轮胎和废橡胶当作燃料也许并非理想之举,因为它毕竟或多或少地产生新的污染,而且从总能量的收支上看也是不合算的,然而在一段时间内它或许还算是一种可行之策。在美国,如果200个大水泥窑都来烧废轮胎,每年可烧掉1亿条轮胎。

废轮胎和废橡胶作为燃料代用品在美国已比较普遍,然而全世界的应用比例还不到20%。人们比较关注的另一种处理方法是将它粉碎后制成胶粉再加以利用。胶粉可按筛分大小分成7个档次,粒径小到150微米,大到2000微米。在橡胶加工过程中掺入一定量的胶粉,可以改进胶料的加工性能,同时还可降低生产成本。胶粉还有一个重要用途是对沥青进行改性,在道路沥青中掺入适量胶粉,可明显提高路面质量和使用年限。美国国会曾于1991年立法,要求每吨沥青中掺加20磅(约合9公斤)胶粉。虽然这项法案由于成本增加而遭到许多州的反对并于1995年被废除,但并不能由此否定这个颇有价值的处理方法。

为了保护环境,废轮胎、废橡胶的回收利用势在必行。欧洲已经决定:从2006年起禁止掩埋旧轮胎。如今我国每年耗用橡胶量已位居世界第二,但回收利用率很低,必须急起直追迎头赶上,这也是实现可持续发展战略的一个重要课题。

联轴器护套等。

生产硅橡胶的主要原料是石英砂,石英砂的主要成分是二氧化硅,而硅是地球上仅次于氧的第二种最丰富的元素,真可谓是取之不尽,用之不竭,因而硅橡胶有着无限广阔的发展前景。

20. 大量的废橡胶该怎样处理呢

如今全世界每年要耗用差不多 1000 万吨的合成橡胶,另外还有数百万吨的天然橡胶。橡胶中的一半用来制造轮胎,这些轮胎和其他的橡胶制品使用一定时间后都会报废,这么多的废橡胶怎样处理呢?

据粗略统计,20 世纪末,全世界每年要产生大约 8 亿条废轮胎和数以百万吨计的工业废橡胶制品,光是美国累计堆积的废旧轮胎就大概有 10 亿条,这对地球和人类既是一个负担,又是一种威胁。

废旧轮胎和橡胶的处理是个大问题,也是一个颇为棘手的研究课题,为此许多国家特别是发达国家采取了一系列措施,有的还用立法手段促进废橡胶的回收利用。在美国,现在有 1000 多家工厂从事这项业务,每回收一个废轮胎,轮胎的主人还得交付一定的费用。回收的这些废轮胎,70% 用做水泥窑和造纸厂的燃料。人们用废旧轮胎和废橡胶烧制水泥的积极性较高,因为轮胎中的硫与生石灰在燃烧后变成水泥的有效成分——石膏,轮胎中的一些残余金属也转入水泥中,于是这些原本有害的物质就这样被回收处理了,何况轮胎的燃烧能量比煤高。但是废橡胶用作发电厂的燃料时,情况就有所不同,为了保护大气环境,往往只能掺用少量废橡胶,还得增设废气净